新版 科学者の目

文と絵 かこさとし

童心社

いまの世の中は科学技術の時代といわれながら、まだまだ科学の恩恵《おんけい》をじゅうぶんうけられない人や、逆に公害《こうがい》や汚染《おせん》などで苦しむ人がいるというありさまです。

科学というものは本来、人類が築き上げた知恵《ちえ》や工夫の寄り集まりなのですから、人びとの生活が豊かで楽しくならないというのは、この社会のどこかでまちがった科学の使い方をしていたり、人びとが科学をよく知らなかったりおそれているのをよいことにして、一部の人のためにだけ利益《りえき》がゆくようにしているからだといえましょう。

だが、古来からすぐれた科学者たちは、めぐまれない人びとのため、科学の力が役立つようさまざまな苦心をし、努力をかたむけてきました。それを知ってほしいと思って書いたのがこの本です。真の科学者はどういう態度《たいど》でなければいけないかを知り、科学をおそれたり毛ぎらいするのでなく、私たちのものとして使いこなすようにしてほしいと願って、この本をまとめました。

もし小中学生やそのお家の方に見ていただけて、なにか心に残るようなところがあるなら、それはすぐれた科学者が、私たちにのこされたよい影《えい》響《きょう》のおかげで、作者のもっとも喜びとするところです。

かこさとし

科学者の目　もくじ

新版　科学者の目

1
日本列島の骨組みを見ぬいた目

エドムンド・ナウマン 1854-1927

ドイツの地質《ちしつ》学者。一八七五年来日し、東京開成《かいせい》学校、東京帝国《ていこく》大学で地質学を教えた。一八七九年に彼の提案で帝国地質調査所が作られ、技師長になった。日本列島の地質構造の研究をはじめ、北海道の白亜紀《はくあき》化《か》石《せき》の研究、伊豆《いず》火山噴火《ふんか》の報告など、すぐれた業績《ぎょうせき》をのこし一八八五年に帰国した。日本の地質学調査事業の基礎《きそ》をつくりあげた。

君たちは昔、日本にも野生の象がたくさんすんでいたことを知っているだろうか？　昔も昔、大昔、学者たちが第四紀洪積世《こうせきせい》という難《むずか》しい名でよんでいる古い時代（いまから二百万年から一万年前）のことだ。そのころはまだアジア大陸と地続きだった日本の山野を、いまのインドやアフリカにいる象の先祖たちが、のっしのっし歩きまわっていたのだ。

君のすんでいる辺りを、えさを探《さが》してさまよっていたかもしれないのだ。

考えただけでも、なんだか胸《むね》がわくわくしてくるようなこの古代象を、学者たちはナウマン象とよんでいる。このナウマンという名が、これから君たちにお知らせしようという科学者の名前なのである。

エドムンド・ナウマンは日本政府の招きで、ドイツから一八七五年（明治八年）日本にやってきた人である。それから十年、東京大学の教授として、日本の学生たちに、初めて進んだ西洋の地質学《ちしつがく》を教えるとともに、地質調査所をつくるのに力をそそいだ。そして日本の地質学研究の上に、消えることのない多くの発見をした科学者であった。

ナウマンは、ドイツ東部のマイセンというところで生まれた。それはエルベ川のほとりにある美しい町で、よい磁器《じき》の産地として知られている。ナウマンはここでほかの子どもと同じように、陶石《とうせき》をとった崖《がけ》や穴《あな》を遊び場にしてふつうの少年時代をすごした。しかし、ナウマンを教えた学校の先生によると、

（１）　ほかの人がしりごみするつらいことを進んでやる実行力。

（２）　多くのことがらの中から、大事な点をするどく見ぬく力。

（3）自分がよいと思ったら、それをおし通すがんばり屋。の三性質を持っていたといわれている。

大きくなってミュンヘン大学を卒業したナウマンが、ふくらむような希望をもって日本に着いたのは、まだ二十歳代《はたちだい》のときであった。若《わか》いナウマンは、教室で講義《こうぎ》をするだけでなく、野外に出て実際に調べることがどんなにたいせつかを熱心に教えた。明治八年といえば、まだ鉄道は東京—横浜、神戸—大阪の間しかなかったときである。そのなかを関東北部から九州・伊豆大島《いずおおしま》にいたる何度かの実習大旅行には、少年時代の第一の性質「たくましい実行力」をみなぎらせたひげのナウマンが、いつも先頭をきってがんばっていた。

日本にきた年の秋、浅間山《あさまやま》・千曲川《ちくまがわ》・八ケ岳《やつがたけ》を旅行したナウマンは、なぜか心をうばわれた。翌年再び千曲川をのぼり、蓼科《たてしな》・諏訪《すわ》・大町《おおまち》をおとずれたナウマンの目は山々の姿《すがた》にすいよせられていた。細かな山の形でなく、大きな日本列島の骨組《ほねぐ》みを考え、見ぬこうとしていたのである。こうして、少年時代の第二の性質「本質を見ぬく力」は、日本列島が地質上、大きく東西二つに分けられていることを見つけだした。後年そのさけ目をナウマンはフォッサ・マグナ（大きな地面の溝《みぞ》という意味のラテン語）と名づけ、地質学研究上かがやかしいりっぱな論文《ろんぶん》にまとめたのである。

また、それまで「龍《りゅう》の骨」だとされていた日本各地から出る化石の骨が、本当は、古代象のものであることを最初に見いだしたのもナウマンであった。このことを記念して、その古代象をナウマン象とよぶことに定められている。

さてナウマンの第三の性質「負けずぎらいのがんばり屋」の性質は、あまりよい感じを与えなかったらしい。もっとゆっくり旅行しようとする学生たちを、時間と費用をおしむナウマンはしかり、学問ひとすじの性質から許《ゆる》さなかったので、ときどき学生たちは不満をもらしたといわれている。

しかし、ときに欠点となったかもしれないが、この三つの性質こそ、ふつうの少年ナウマンを象のようにたくましく力ある科学者にした源《みなもと》だったと私は考える。私は山を見たり登ったりするごとに、この日本の山を見つめ見ぬいた科学者の目を、いつも思い出すのである。

2
宇宙の真理と考え方をとらえた目

ニコラス・コペルニクス 1473-1543

ポーランドの天文学者。ゆたかな商人の子として生まれ、一四九一年クラカワ大学に入学し、哲学、天文学を学び、カトリック僧《そう》となった。一四九六年以降イタリアに留学、天文学、法学、医学を学んだのち教会の司教をつとめながら天体観測、天体運動の新説の建設・改良にうちこんだ。『天球の回転について』を著《あらわ》し、それまでの天動説に対して、地動説をとなえた。

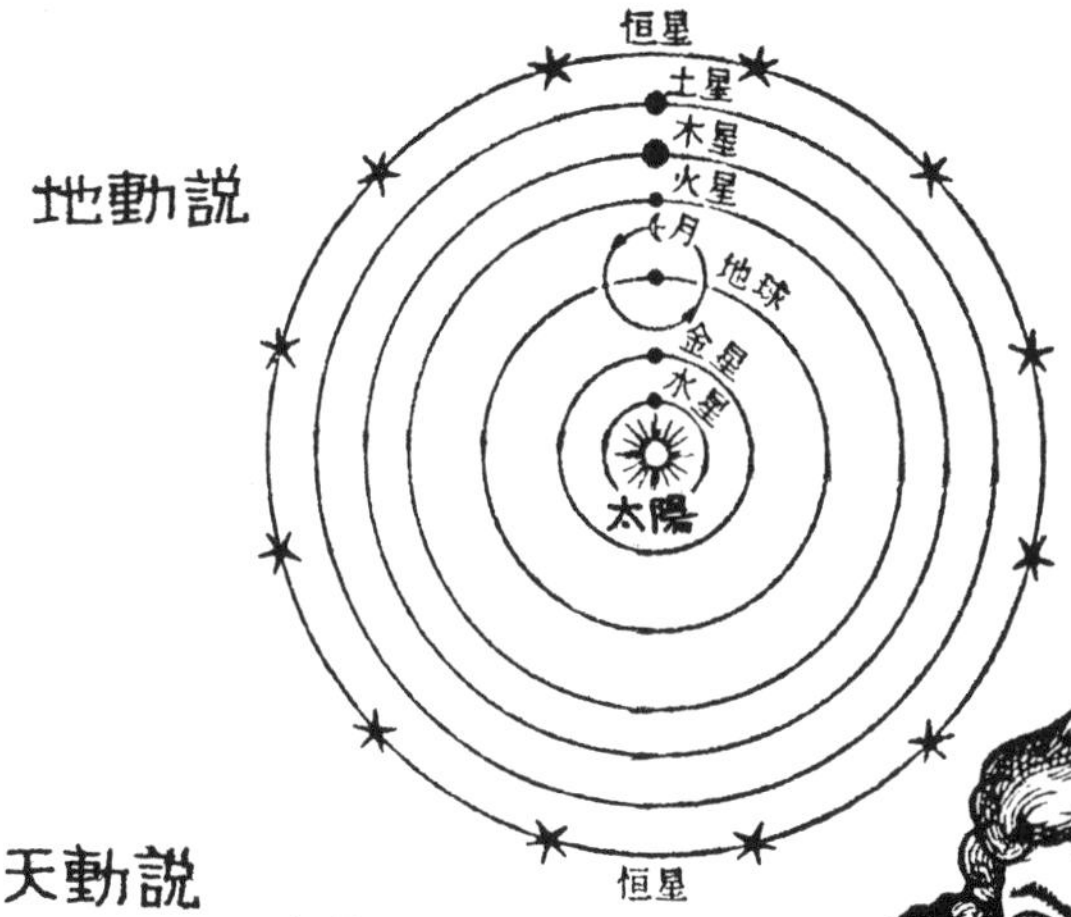

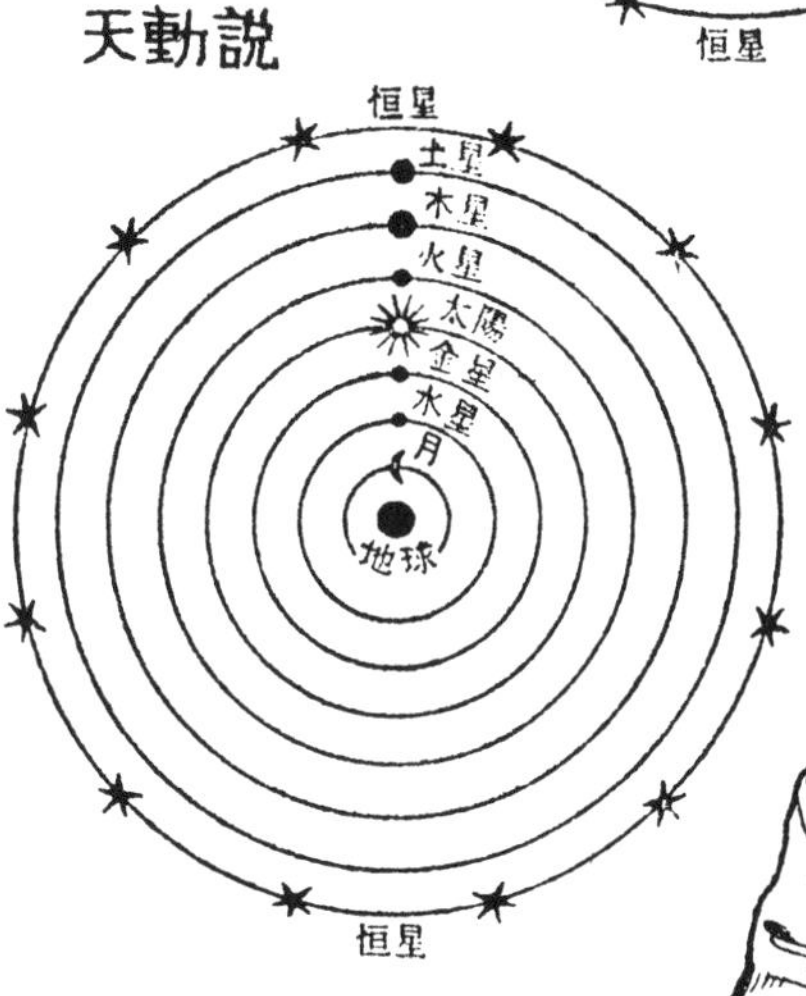

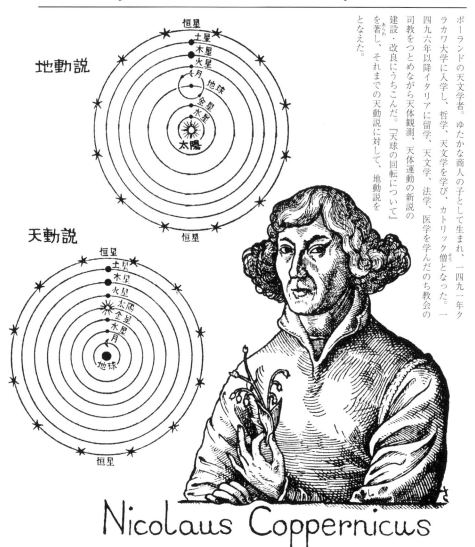

いま君たちの身体《からだ》は、秒速三十キロメートルの速さで太陽をまわっている——といったら君は本当だと思うだろうか？　人工衛星の速度は秒速八キロメートルくらいである。その四倍に近い速さで、君の身体ばかりでなく、家も木も地面も、地球全体が太陽の周りをまわっているという感じには、とてもなれないだろう。

昔の人もそうだった。一般《いっぱん》の人ばかりでなく、昔の学者もみな、地球は動かずにじっとしていて、周りの星や月や太陽が、地球の周囲をまわっているものとばかり思っていた。

こうした宇宙《うちゅう》の考え方を「天動説《てんどうせつ》」といっている。この考え方に対し、いまから五百年も昔、「宇宙の中心は太陽である。地球は、ほかの天体とともに、太陽の周りをまわっているのだ」という「地動説《ちどうせつ》」を、初めてまとめたのが天文学者コペルニクスだったのである。

ニコラス・コペルニクスは一四七三年、ポーランドのトルンという町に生まれた。そのころポーランドは、ヨーロッパの東と西を結ぶ貿易の中心地だった。トルンの町を流れるビィスワ川には、鉱石《こうせき》や織物《おりもの》の商人を運ぶ船が、にぎやかに行き来していた。

コペルニクスの父は、その町の大きな商人だったので、小さいころのコペルニクスは、父の持っているブドウ園や倉庫のある川べりでの遊びが大好きだった。とくにビィスワ川を通う船をながめたり、じっと流れる水面を見ているうち、気がつくとどうしたことだろう、岸辺も木も建物もすべるように動き出し、ぐんぐん走っているような気持ちになるので、川辺の倉庫遊びがとても気に入っていた。

十歳《さい》のとき父が死んだので、コペルニクスは伯父《おじ》にあたるりっぱな坊《ぼう》さんに引きとられ、やがてその後をつぐため大学に入った。そこで医学や宗教学《しゅうきょうがく》とともに星の観測を勉強した。大学を出てからたびたびイタリアへいき、そこでさらに深い勉強をする間、宇宙の真理や正しい考え方を知ろうと哲学《てつがく》の本を読みふけった。こうして、三十三歳のとき伯父の後をついで教会の仕事をしながら、医者として貧《まず》しい人びとを助けたり、貨幣《かへい》についての改正案を町にすすめたりなど、広く社会的な仕事にも熱心に力をつくした。

そうしたいそがしい日中の仕事を終えた夜中、ひとり静かに星を観測し天文学《てんもんがく》の研究にはげんでいたのである。それらの結果をまとめて、一五四三年、死ぬまぎわにその最初の印刷が間に合ったといわれるのが『天球の回転について』という題をつけた「地動説」であった。

コペルニクス以外にも、それまで星の観測のくいちがいから「天動説」に疑《うたが》いをもっていた学者が幾人《いくにん》かはいた。しかしそのくいちがいをうまく説明できなかったことと、当時の宗教の考えにとらわれて、それを打ち破れないでいた。たとえば「太陽は勇士が競《きそ》うように、喜び走る」と書かれた聖書《せいしょ》の字句に反して、太陽の方はじっとしていて地球の方が動くということを考えたり、そのことが書いてある聖書の考えを疑うのは悪とされていたので、そのなかでつじつまが合うよう天文学の理屈《りくつ》が考えられていたのである。

コペルニクスは自分で考案した器械で星の動きを観測し、その結果を注意深く、なにものにもとらわれぬ立場でまとめようとした。そして太陽が動くと考えるより、地球が動くとした方がより正しいことに気がついたのである。あの幼《おさな》い日、川辺で感じとったように、動かないように見える大地が、本当は動いているということをいいだしたのである。静かに真理を追うするどい科学者の目が、暗闇《くらやみ》のなかから宇宙《うちゅう》の大法則をとらえたのであった。それは古い固まった考え方ではなく、新しい真理にもとづく考えの方が正しいことをはっきりと述べたのであった。しかし、当然のことながらさまざまな反対や妨害《ぼうがい》がおこり、コペルニクスの考え方が正しいと認《みと》められるまでには、その後百年以上もたたなければならなかった。

一九六九年七月二十日（日本時間二十一日）、アポロ11号の乗組員が初めて降《お》り立った月面の西方に巨大《きょだい》なコペルニクスというクレーターが見えている。月にある山や火口の跡《あと》には、有名な科学者か思想《しそう》家《か》の名をつけるのがならわしになっている。だがこのコペルニクスの名は、すぐれた科学者であったと同時に、古い時代から新時代へかわることをおし進めた偉大《いだい》な思想家の両方をかねた人として、特に大きくそそり立つクレーターに、永遠に名づけられているのだと私は考えている。

3
泥のなかからすみれ色を見つけた少年の瞳

ウィリアム・パーキン 1838-1907

イギリスの有機《ゆうき》化学者。ロンドンに生まれた。十八歳のときロンドンの王立化学大学に招かれていた化学者ホフマンの助手となった。一八五六年ぐうぜんに染料《せんりょう》を合成し、近代合成染料工業の先駆《せんく》となった。

近ごろ「むちゃな十八歳《さい》」とか「危険《きけん》な十九歳」というイヤな言葉がはやっている。オートバイを乗りまわしたり、人びとの迷惑《めいわく》を考えないでさわぎまくる若者《わかもの》のことをさしているのだが、一部であろうとそういう若者がいることは事実である。だから私はここで「すばらしい十七歳」を紹介《しょうかい》しようと思う。赤毛でそばかすで、そのうえ大工《だいく》の息子であったウィリアム・パーキン少年のことである。

初めパーキン少年の化学の才能に火をつけたのは、ロンドン中学のホール先生だった。おもしろい実験とたくみな説明のうえに、熱のこもった化学の講義《こうぎ》に心をうばわれたパーキンは、昼食をはぶいて自分で実験をやるのに夢中になることがたびたびだった。「試験管などをふるより、金づちをふる方が大工のせがれには大事でさあ」とガンコに反対する父親をときふせて、十五歳のパーキンを王立《おうりつ》化学大学のホフマン教授のところに連れていったのも、その担任《たんにん》のホール先生だった。化学好きのパーキンは、やがてホフマン教授の助手となって働くこととなった。しかし昼間ホフマン先生の実験を手伝うだけでは、パーキンは満足しなかった。自分の家の片すみに小さな実験室をつくって、自分なりの実験を夜や休みの日にやるのを一番の楽しみにしていた。

その日も復活祭《ふっかつさい》の休み、一八五六年の春のことである。自分の実験室にこもったパーキンは、当時マラリア病に特によくきくキニーネという薬を人工的につくってみようというだいそれた野心をもって、試験管のなかの薬品に酸《さん》をくわえたり、火で温めたりしていた。しかしいつも試験管の底には、どろりと黒い、まるでコールタールのようなものしかできなかった。
そのころの化学者はみな、純粋《じゅんすい》の化合物に興味《きょうみ》をもっていた。特に結晶《けっしょう》をつくる化合物が大事にされていて、いろんな物のまざったタールのようなものなど、まったく捨《す》ててかえりみられなかった。パーキンはその試験管を光にかざして見た。試験管の底のどろりとしたものは、まるできたないごみための泥《どろ》のようだった。

パーキンは、そのどろりとしたものを見つめながら考えた。いままでの先生たちが捨ててしまっていたなかにも、なにかよいものがかくされているかもしれない。みながきらうもののなかにもすばらしいものがあるかもしれない。結晶でなくても、大事なものがきっとあるはずだ――そう思ったパーキンは、その黒いタールのようなものに試薬《しやく》をそそいでみた。温めてみた。そしてアルコールをくわえたとき、そのタールみたいな物質から、あざやかなすみれ色が試験管のなかに広がっていったのである。

このすみれ色の物質こそ、のちに父親の協力を得て、工場で生産するようになった世界最初の人工的につくられた染料《せんりょう》「モーブ」だったのである。そのとき、パーキンの年は十八歳であった。

現在私たちがパーキンのえらさを数えると、つぎのように多くのことがあげられる。
（1） それまで天然物しかなかった染料を、初めて化学的につくり出したこと。
（2） その発明を実用化するため、ただちに特許《とっきょ》の手続きをし、実用にするための試験をおこなったこと。

（3） さまざまな苦心と努力を重ね、わずか半年でその染料《せんりょう》を小さな試験管から、工場で大量につくるまでにしあげたこと。

（4） その後もつぎつぎと新しい合成染料や合成香料《こうりょう》を世に送り出したこと。

（5） 工場で生産をするかたわら、一生を化学の研究につとめ「パーキン反応《はんのう》」「パーキン転《てん》位《い》」と名づけられるいくつかの新反応を見出したこと。

（6） その息子もすぐれた化学者として育てたばかりでなく、親子二代ロンドン化学会会長として化学界の発展《はってん》に力をそそいだこと。

―などであろう。

しかし私はあの復活祭《ふっかつさい》の日、多くの化学者が捨《す》ててかえりみなかったどろどろの泥《どろ》のような試験管の底を、じっと光にかざして見つめたパーキンの瞳《ひとみ》こそ、一番パーキンのすばらしいかがやきではないかと、いつまでも心に焼きついているのである。

4
野うさぎや羊のようなふしぎな目

アレキサンダー・フレミング 1881-1955

イギリスの細菌《さいきん》学者。スコットランドの農村で生まれた。ロンドンの工芸学校を卒業し、船会社の事務員となったが、二十歳のときロンドン大学付属《ふぞく》セント・メアリー病院医学校に学び、卒業後、細菌《さいきん》学研究所につとめた。第一次世界大戦に外科医として従軍後《じゅうぐんご》、ロンドン大学教授となった。一九二八年にアオカビの溶菌《ようきん》現象を発見した。この物質はその後ペニシリンとして分離《ぶんり》され、第二次世界大戦で実用化された。

一九四五年ノーベル生理学・医学賞受賞。

君たちが、かぜをひいて熱を出したとする。病院にいってみてもらうと、注射《ちゅうしゃ》をするといわれ、ドキリとしたことがあるだろう。しかも注射器を手にした医者から「おしりを出して」といわれたとき、びっくりどころか君はきっとこまったことだろう。君のおしりにチクリと注射針《ちゅうしゃばり》の痛《いた》みが走ったら、ああこれがペニシリンの注射だなと思ってくれたまえ。そしてそのペニシリンを発見したフレミングの名を思い出してくれたまえ。

フレミングは一八八一年イギリス、スコットランドの農家に生まれた。八人兄弟の下から二番目だった。小さいときはアレックスとよばれ、額の広い栗色《くりいろ》の髪《かみ》をしたかわいい少年だった。すぐ上のジョンや弟のロバートと羊や牛の番をしながら、からす麦の丘や小川のほとりで遊びまわるアレックスは、無口だったけれどふしぎな「目」をもっていた。

たとえば草むらにかくれている野うさぎの前を、けっして目がかち合わないようにして、まるで気がつかないように歩いていく。野うさぎは息をころして通りすぎるのを、じっと待っている――その瞬間《しゅんかん》、ぱっとうさぎに飛びかかってとらえるだとか、夜中の吹雪《ふぶき》に一面真っ白になった野原のなかから、吐《は》く息でできたあわい黄色いしみを見つけ、雪にうずまっている羊を助け出すとか――そういうふしぎな「目」をもっていた。

貧《まず》しい厳《きび》しい大自然のなかで、元気なアレックスは小さなちがいを見落とさない観察の大事なことと、その原因をさかのぼって考える力を身につけ学んでいたのである。

アレックスは十三歳《さい》のとき、ロンドンで眼科医をしていた兄のトムのところに身をよせ、兄のすすめで工芸学校の商業科に進み、やがてまた兄のすすめで医者になる資格試験をうけた。

全イギリス中で一番で合格した後、どの学校に入るかというとき「水球《すいきゅう》の試合で知ってい
た」セント・メアリー病院医学校を選んだ。成績はずっと一番であったが、在学中友人にすす
められ、外科医師の資格を得た。卒業のとき、病院対抗《たいこう》の射撃《しゃげき》チームを強くするため、細菌学《さいきんがく》
の先輩《せんぱい》にさそわれそのまま外科医になることをやめ、ライト教授の研究室に残ることとなった。
そしてそこが科学者フレミングの生涯《しょうがい》の研究室となった。

工芸学校―医師試験―セント・メアリー病院医学校―外科医―細菌学―というふうに自分の
大事な一生の問題を、他人の気まぐれのまま決めてしまうことに、きっとおどろく人もあきれ
る方もいるだろう。しかしフレミングのつつましく誠実な人柄《ひとがら》は、周りの人びとはもちろん、
偶然《ぐうぜん》さえ味方として大きな成果にむかって、静かな準備が進められていったのである。

研究室での目標は「人体に少しも害を与えずに病気の菌だけをやっつける」薬を見つけるこ
とだった。そのため多くの薬が来る日も来る日もつくられ試験されたが、どれも十分な満足は
得られなかった。一九二八年、フレミングは友人に代わって「細菌学」の本を書くことを引き
うけた。そのため実験をやり直していたとき、何百ものガラス容器のなかから「かわってい
る」一つの容器をフレミングの目は見いだした。それはほかの容器とちょっと見ただけではそ
うかわってはいなかったが、容器のなかの寒天《かんてん》の上に大きく増えているはずの細菌が、まぎれ
こんだカビでとけてしまっているのをフレミングは見落とさなかった。フレミングはもう一度
確かめた。さらにもっとカビを研究するため仲間の古靴《ふるぐつ》をもらって歩いた。こうして、その翌
年フレミングは、この殺菌《さっきん》の力をもち人間に無害なカビの薬をペニシリンと命名し、医学会に

発表した。しかし、ライト教授初めほとんどの人びとはこの重要な発見を認《みと》めようとしなかった。さまざまな偶然《ぐうぜん》が重なりあって、ペニシリンが純粋《じゅんすい》にとり出され、その真の効果が認められたのは、なんとその後十二年もたってからのことであった。

私はフレミングの本を読むたびに、科学者の運不運を思わずにいられない。運命の波につつましくしたがいながら十五年間たゆまず観察し続け、一瞬《いっしゅん》の動きを見のがさず「野うさぎ」のようにかびからペニシリンを見いだしたフレミング、その大きな効力が人類みんなの役に立つ日を、じっと雪にうずもれた「羊」のように十二年待っていたフレミングの「目」は、一九四五年ノーベル生理学・医学賞を与えられたとき、初めて喜びにほころんだのである。

5
悲しみと運命に耐えぬいた目

トーマス・グレアム 1805-1869

イギリスの化学者。グラスゴーに生まれた。グラスゴー大学、エジンバラ大学に学び、一八三〇年エジンバラ大学教授、一八三七年ロンドン大学教授となった。一八四一年ロンドン化学会を創立《そうりつ》し、のち造幣局《ぞうへいきょく》長官となった。

（グレアムのサイン）

これまでの「科学者の目」は、いずれも希望にかがやいた瞳《ひとみ》をもった人たちだった。貧乏《びんぼう》やめぐまれない運命のなかにあっても、若《わか》わかしい夢に燃えた目が、キラキラ光っていた人たちだった。しかし、これからお伝えしようとする「科学者の目」は、その少年時代からずっと、うれいにしずんだままの持ち主であった。ひとときも苦しい悩《なや》みから晴れる間もなく、眉《まゆ》をひそめたまま一生を終えた科学者の目をお知らせしよう。

その人、トーマス・グレアムは、一八〇五年十二月、イギリスのグラスゴーに生まれた。父はお金持ちの商人だったので、小さいときからなに一つ不自由なことはなかった。そのうえ、人一倍教育熱心で、息子がふつうの子よりもすぐれていることをいちはやく見ぬいた愛情深い父親だった。ふつうだったら、こうしたことは子どもにとって幸福のもとになるはずなのに、グレアムにとってはそれが不幸の種となってしまったのである。

グレアムの父は、この自慢《じまん》の息子を、もっとも尊《とうと》い職業だと信じていた牧師《ぼくし》にしようと思い、期待していた。しかし十五歳《さい》の若さでグラスゴー大学に行くようになったグレアムは、もっともどろくさい身近なものにしだいに心をうばわれていった。自然のようすをじっと観察したり、物理や化学の実験をするたびに、こういうことを自分の一生の仕事にしようと、かたく心に決めてしまったのである。

いうことをきかぬ子を父はしかった。毎晩《まいばん》のようにあらそう声やおこる声が、幸福だったグレアムの家庭をトゲトゲしいものにしていった。家族や周りの人びとが何度もなだめ、思いなおすように努力したが、父もがんこなら、グレアムもその決心を少しもかえようとしなかった。

そしてとうとうグレアムは家を飛び出し、おこった父は、学資《がくし》の仕送りどころか、家に近づくことさえも許《ゆる》さなかった。貧苦《ひんく》と悲しみにうちひしがれながら、グレアムは化学の勉強に進んだ。ともすれば心が乱《みだ》れ、つらさに負けそうになることが何度もあった。しかしそれに耐《た》えられたのは、父にわからぬよう便りをくれる母の心づかいと、自分の貯金を全部ささげてはげました妹の力によるものであった。のちになってこのことを友だちに話すグレアムの顔は苦痛《くつう》にゆがみ、そのほりの深い二重まぶたの目はいつもうるんでいたということである。

苦難《くなん》のうちに勉強を終えたグレアムは、しだいにそのすぐれた力を発揮《はっき》していった。多くの論文《ろんぶん》と広い分野にわたるすぐれた研究をなしとげたが、特に物理と化学の両方にまたがる新しい学問をきりひらいた。気体が小さなところからふき出る速度の法則や、液体が広がる速さの理論を初めて見つけ出したので、それには「グレアムの法則」という名がつけられている。またお菓子のゼリーや寒天《かんてん》のように、どろどろしたものの特別な性質を調べ、それをもとに「コロイド化学」という化学の一つの分野をひらいたのもグレアムだった。このコロイド化学は今日、霧《きり》やスモッグやマヨネーズのように、気体や液体のなかにごく小さな液や固体の粒《つぶ》がちらばっている状態《じょうたい》を調べる「コロイド科学」という学問に発展《はってん》し広がっているものである。

やがてグレアムは、ロンドン大学の教授として、またロンドン化学会の初代の会長として化学の発展に力をそそいだばかりでなく、いまも模範《もはん》とされているすぐれた化学の教科書をつくり、化学教育に大きな功績《こうせき》を残した。こうしてグレアムはイギリス化学界の父として人びとから尊敬《そんけい》をうけるようになったけれども、がんこな父との仲なおりは、死にいたるまで得られなかったのである。

この文章を読んでくれている君も、ひょっとするとグレアムのような悩《なや》みをもっているかもしれない。そんなときは、どうかグレアムの目を見つめてほしい。憂《うれ》いにくもるその目は、君に「負けるな、君の最善《さいぜん》をつくせ」とよびかけてくれるだろう。幸いそんな悩みがないなら、君はその幸福を感謝し、グレアムに負けぬ勉強を、努力を、誠実《せいじつ》を重ねてくれたまえ。

6

秒速三十万キロメートルの光を追いかけた目

アルバート・マイケルソン 1852-1931

アメリカの物理学者。北欧《ほくおう》生まれで、幼いころにアメリカに帰化した。一八七三年海軍兵学校を卒業後、ヨーロッパへ留学し、シカゴ大学教授となる。主に光学の研究をし、精密《せいみつ》な光の干渉計《かんしょうけい》を発明した。E・W・モーリー（一八三八―一九二三）とともに実験を行い相対性《そうたいせい》理論《りろん》への道を開いた。その後スペクトル波長による長さの単位の決定、光速度の精密な測定などをおこなった。一九〇七年ノーベル物理学賞を受賞した。

現在、科学や技術の面でアメリカは世界一であるといわれている。それはアポロ宇宙船《うちゅうせん》の月面着陸のようなみごとな成果からもわかるだろう。また科学関係で一九七〇年までにノーベル賞をうけた二百八十三人を調べてみると、アメリカの科学者が八十六人もおり、全体の三分の一近くをしめていることからも知ることができるだろう。

しかしいまから約七十年前のアメリカは、科学の世界ではまだまだおくれた国であり、ノーベル賞をもらった科学者は一人もいなかった。そのおくれたアメリカを七十年間で世界第一の科学国へとかえてゆく口火を切った人、アメリカで最初のノーベル物理学賞をもらった人——それがアルバート・アブラハム・マイケルソンであった。

マイケルソンは、かわった人だった。第一のかわった点は、初めからのアメリカ人ではなかったことである。マイケルソンは一八五二年ポーランドのストシェルノの町に生まれたが、小さな織物商《おりものしょう》をしていた一家は、二歳《さい》のとき、国を捨《す》ててアメリカにわたり、苦労を重ねた。そうした貧《まず》しい移民《いみん》の六人の子の一人だった。

第二のかわった点は、海軍兵学校《かいぐんへいがっこう》出身の科学者ということである。貧乏《びんぼう》だったから学費がいらずに教育や資格の得られる兵学校に入るのは、そうかわったことではなかった。かわっているのは、初め兵学校の入学試験に通らなかったのを、むりに大統領《だいとうりょう》に自分で面会を申しこみ、とうとう入学を許《ゆる》してもらったという点である。マイケルソンはそのとき十七歳だった。

第三は、こうして入った兵学校の成績がかわっていた。光学《こうがく》・音響学《おんきょうがく》は一番、数学・力学《りきがく》・熱学《ねつがく》・気候学《きこうがく》は二番、化学・統計学《とうけいがく》は三番だったが、戦争術・砲術《ほうじゅつ》・船舶操縦術《せんぱくそうじゅうじゅつ》はダメで、歴史・作文はビリであった。ようするに科学は好きだが、戦争ぎらいな海軍士官だったのである。

第四は自分の気に入ったことには熱中するが、それ以外のことには無愛想《ぶあいそう》で、面倒《めんどう》がり屋で、ひとりぼっちが好きなたちだった。

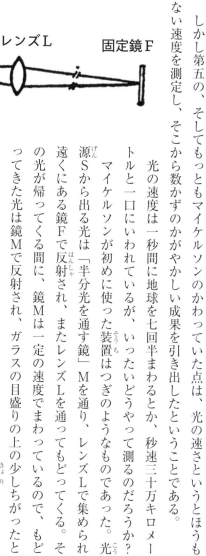

しかし第五の、そしてもっともマイケルソンのかわっていた点は、光の速さというとほうもない速度を測定し、そこから数かずのかがやかしい成果を引き出したということである。

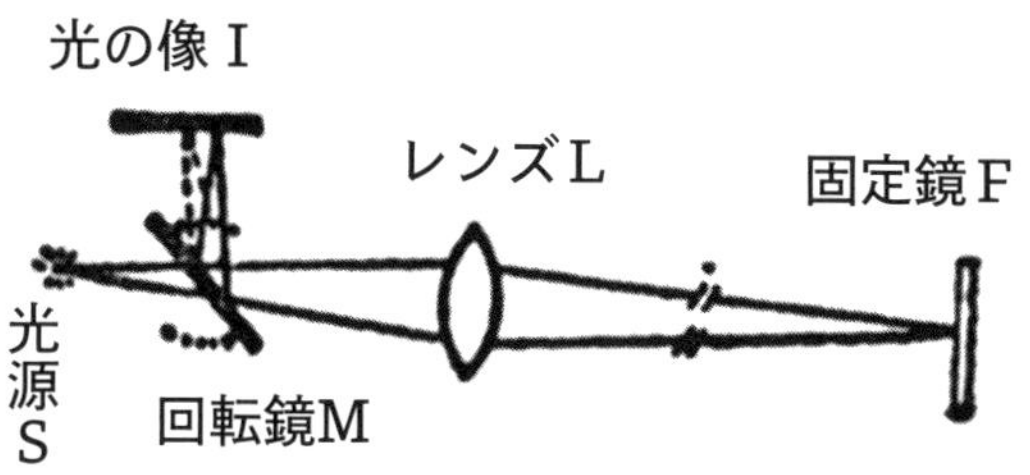

光の速度は一秒間に地球を七回半まわるとか、秒速三十万キロメートルと一口にいわれているが、いったいどうやって測るのだろうか？

マイケルソンが初めに使った装置《そうち》はつぎのようなものであった。光《こう》源《げん》Sから出る光は「半分光を通す鏡」Mを通り、レンズLで集められ、遠くにある鏡Fで反射《はんしゃ》され、またレンズLを通ってもどってくる。その光が帰ってくる間に、鏡Mは一定の速度でまわっているので、もどってきた光は鏡Mで反射され、ガラスの目盛りの上の少しちがったところで光源の像Iをつくる。この光の通ったところの距離《きょり》を、鏡Mがまわったわずかの時間で割れば、光の速度が計算されるというわけである。

これはなまやさしいことではない。正しく反射する鏡、それを一定速度で回転させる方法、遠くはなれたほこりのない光の往復する場所、歩く振動《しんどう》さえ誤差《ごさ》となる精密《せいみつ》な装置――それらの一つ一つを廃物《はいぶつ》や手づくりで解決していった。マイケルソンの目は、はるか彼方《かなた》におかれた鏡（最後は三十五万キロメートルも遠くにおかれていた！）から帰ってくる光源のズレを求めて、何千回となく実験をおこなった。こうして得られた光の速度は、世界中でもっとも正確な実測値《じっそくち》であったばかりでなく、それは光の本質への研究や41章のアインシュタインのところで述べる相対性理論《そうたいせいりろん》など重要な科学の発展《はってん》に大きな影響《えいきょう》を与えることとなった。

さらにマイケルソンは、光の速度ばかりでなく、干渉《かんしょう》とか回折《かいせつ》とか振動《しんどう》という光の性質を追い求め、そこでもすばらしい装置《そうち》を工夫し新しい技術をうち立てた。

こうして一生光を追い、光を見つめ、光の研究をした「かわった人」マイケルソンの目は脳出血《のうしゅっけつ》のため一九三一年閉《と》じられてしまった。遺骨《いこつ》の灰《はい》は、遺言《ゆいごん》により空中にまかれた。それは光の速度を追い求めた科学者らしいかわった合理的なお葬式《そうしき》だった。

7
かぐわしい梅の花のような目

丹《たん》下《げ》ウメ 1873-1955

化学者。鹿児島県に生まれた。日本女子大学卒業後、一九二一年アメリカのコロンビア大学に留学、一九二三年、東北帝国《ていこく》大学理学部化学科卒業。理化学研究所、日本女子大学教授となり、はじめ有機《ゆうき》化学を専攻《せんこう》、のち栄養化学、ビタミンの研究をおこなった。

あるとき私は、女子中学生の方から「日本にはキュリー夫人のような人はいないのですか?」という問い合わせをうけた。私はその中学生の質問に答え、そしてぜひ発奮《はっぷん》してほしいと思いながら、一人の日本の婦人科学者のことを話した。その人は昭和三十年、八十二歳《さい》でなくなった丹下《たんげ》ウメ先生である。

先生のことを語るには、しかも先生の「目」にふれるにはどうしても祇園祭《ぎおんまつり》のことを書かなくてはならない。祇園祭といえば、京都八坂神社《やさかじんじゃ》の夏祭りが有名だが、それと同じようにウメ(以下親しみをこめてよびすてにさせていただくこととする)の生まれた鹿児島の祇園祭も子どもたちにとっては楽しい行事の一つだった。一八七六年(明治九年)、晴れ着を着た三つのウメは祇園祭の山車《だし》がくるのを部屋で、ままごとをしながら待っていた。やがてにぎやかな笛やたいこの音がきこえてきた。人びとはあらそって表へ出た。ウメも急いで廊下《ろうか》を走り、すべってころんだ。不幸にも手にもっていたままごとの竹バシは、ウメの目を刺《さ》してしまった。楽しい祭りは一瞬《いっしゅん》にして消え、悲しみに一家はつつまれた。こうしてウメの右目は光を失ってしまったのである。

「あのとき私が手を引いてあげれば、こんなことにならなかったのに——」となげいた姉のハナは、自分の責任だとして一生妹を助けめんどうをみた。ウメはこのやさしい姉やあたたかい周りの人びとのはげましにこたえて、わざわいにめげずもっていたすぐれた才能をしだいにあらわしていった。

化学者丹下ウメのすぐれた点を三つあげるとすれば、その第一にまだ日本では学問をする女性が少なかった時代に、女性が科学者として進む道をきりひらき、男子以上のすばらしさで東北大学、コロンビア大学、ジョンズ・ホプキンズ大学、スタンフォード大学、理化学研究所などにおいて勉学と研究を重ね、農学博士の学位を得た「ビタミンB複合体《ふくごうたい》」をはじめとする多くの栄養《えいよう》化学、生化学の業績《ぎょうせき》を残したことである。このことはどれほど後に続く女性科学者のはげましになったことだろう。

第二の点は学問に対する清潔《せいけつ》でまじめな態度《たいど》である。理化学研究所で指導《しどう》にあたっていた鈴《すず》木梅太郎《きうめたろう》博士が、ある日ねずみに対するビタミンの試験結果が、ほかの人より正しく早いことに気がつきたずねてみた。ウメは「もっとも適《てき》するねずみを選んでいるからです」と答えた。与えるビタミンや栄養の方だけでなく、試験されるねずみの経歴や健康状態《じょうたい》を一ぴき一ぴき観察していたのである。片方だけの不自由な目で、ねずみたちをするどく、あたたかく見つめていたのである。こういう学問に対する態度は、母校の日本女子大学で若《わか》い学生たちに「死んだ学問でなく、生きた学び方を身につけなさい」と説き続けた晩年《ばんねん》までずっとかわらなかった。

第三は運命にくじけぬその努力である。幼《おさな》い日の失明《しつめい》を初めしだいに苦しくなっていった家計、そのなかでの苦学、肺《はい》の病気、父・母・兄の死、そしてもっともたよりにしていた姉さえ、昭和二十年の空襲《くうしゅう》で失うというさまざまな不幸に少しも負けることなく、人生をきりひらいていった。しかも常に周りの人びとになごやかなあたたかい微笑《びしょう》をわすれない、豊かな親しみやすい人がらだったことである。それは、決してウメが楽天家でのん気であったからでなく、悲しさや不幸に負けぬ努力の人であったからであろう。

厳《きび》しい冬の寒さのなかにあっても、梅の花は香《かお》り高くりりしくほころぶ。「ウメ」というその名のように、厳しい寒さや風の季節のなかで、さわやかな香気《こうき》をはなって静かにさいた日本の女性科学者の名を、やさしい科学者の目をどうか君もおぼえていてほしい。

8
最高の画家で科学者であった人の目

レオナルド・ダ・ビンチ 1452-1519

イタリアの美術家、科学者、技術者。ビンチ村の公証人《こうしょうにん》の私生児《しせいじ》として生まれ、一四六六年ごろフィレンツェのベロッキオの工房《こうぼう》に入り、画家、彫刻家《ちょうこくか》、建築家としての教育をうけた。「最後の晩餐《ばんさん》」「モナ・リザ」の作者であるとともに、物理学、植物学、解剖学《かいぼうがく》などの先駆者《せんくしゃ》としてルネッサンス最大の人物である。

いまからざっと五百年前、十四世紀末から十六世紀にかけて、ヨーロッパには芸術と学問の若《わか》わかしい気運がみちみちていた。この動きを人びとは「ルネッサンス」とよんでいる。この「ルネッサンス」の代表的な人物が、一四五二年イタリアに生まれたレオナルド・ダ・ビンチであった。

ダ・ビンチは、今日《こんにち》まで世界が生んだもっともすぐれた画家といわれている。なぜ、どんなところがすぐれていたのだろうか？

第一のすぐれた点は「人間」を表現したということである。当時の画家は、キリストや聖母《せいぼ》を描《えが》くとき、静かに直立した姿《すがた》や、頭の上に光の輪を描いて人間らしくない神々《こうごう》しさをあらわそうとした。ダ・ビンチは神話を細かに調べ、たがいの関係や性格を見きわめ、それらを動きのある姿であらわした。話しかける口、おこる目、おどろいた手といったいきいきとした姿から、たとえ神話の絵であっても、見る人はそこに血のかよった同じ「人間」を感じとったのである。

第二のすぐれた点は、高い「精神」を描いたことである。人間の姿をたくみに描く画家はいまも多い。しかしダ・ビンチは形だけでなく、内にかくれている心をも描いた。それも下品な心でなく、人びとの模範《もはん》となる理想の精神を描いたのである。名高いモナ・リザの画は、見る人が悲しいときにはなぐさめを、楽しいときにはほほえみを与え、見る人の心まで清らかにする気高さをもっている。それは、ダ・ビンチ自身の高い人格が画面からにじみ出ているからである。暗い出生の秘密《ひみつ》・実母との別れ・孤独《こどく》・勉強・兄弟子《あにでし》のいじわる・わからず屋の領主《りょうしゅ》・みにくい政治の争い・画家仲間のねたみ――そうした苦しみをのりこえたダ・ビンチの清らかで高い精神が絵にあらわれているのである。

第三の、ほかの画家にはないすばらしさは、科学的な「真実」を追求したことである。たとえば着衣の人を描くとき、ダ・ビンチは着物の下の筋肉《きんにく》や内臓《ないぞう》のようす、骨のしくみまで十分に調べて筆をとった。まだ迷信《めいしん》が多い時代であったのに、ひそかに三十もの死体を観察し、今日の医学書にもくらべられる精密《せいみつ》な解剖図《かいぼうず》を残している。しかも、たんに正確にうつすだけでなく、一つ一つの内臓がどんな働きをするかまで調べたのである。今日知られている眼球の結晶体《けっしょうたい》、像の結び方、肺《はい》の呼吸《こきゅう》動作、筋肉と骨《ほね》の動き、骨盤《こつばん》や脳《のう》のようす、心臓《しんぞう》の四室、血管《けっかん》の分布――これらはみなダ・ビンチが一般《いっぱん》の医学書にのる四百年も前に発見したことであった。

こうした徹底《てってい》した真実の探求《たんきゅう》は、動植物や岩石などの自然物から、技術や科学現象のすべてにおよんだ。絵の構図や位置を決めるための幾何学《きかがく》や図学《ずがく》の研究、ミラノの広場に大きな青銅《せいどう》の騎馬像《きばぞう》をつくるための特別のふいごや炉《ろ》の設計、原料を運ぶ運搬車《うんぱんしゃ》・歯車・ラセン・鋳造《ちゅうぞう》の研究・圧延機《あつえんき》・起重機《きじゅうき》・紡績機《ぼうせきき》の考案、そしてまた、大きな建物や回転する橋、道路や水道工事、さては公害《こうがい》のない都市の設計にまでわたっている。おどろいたことに、研究のなかには現在の機関銃《きかんじゅう》・戦車・潜水船《せんすいせん》・ヘリコプター・ジェットエンジンといったものまでふくまれていた。

これらはどの一つをとっても科学技術上、みなすぐれた研究であり発明ばかりであった。絵を完成するため物事の真の姿《すがた》を見つめ、考え、探《さぐ》っていたダ・ビンチの目は、いつのまにかもっともすぐれた「科学者の目」となって真理を見いだしていたのである。このような「科学者の目」をもったすぐれた画家は歴史上いまだに例はない。そのためダ・ビンチだけが「万能の天才」とか「科学者と芸術家をかねた人」とたたえられているのである。

この偉大《いだい》な「科学者の目」をもった画家は、一五一九年フランスで静かにその生涯《しょうがい》を終えた。

9

化学のカレンダーをつくった青いするどい目

ドミトリ・メンデレーエフ

1834-1907

ロシアの化学者。シベリアのトボリスクに高等学校校長の子として生まれた。サンクト・ペテルブルグ大学師範科卒業後クリミアで理科の教員となり、のちふたたび同大学で化学を学んだ。一八五九年フランス、ドイツに留学後、一八六五年サンクト・ペテルブルグ大学化学教授となった。一八六九年に元素《げんそ》の周期律《しゅうきりつ》を発見したほか、溶液《ようえき》の比重《ひじゅう》、有機化合物《ゆうきかごうぶつ》の燃焼熱、石油の成因などの研究で知られる。

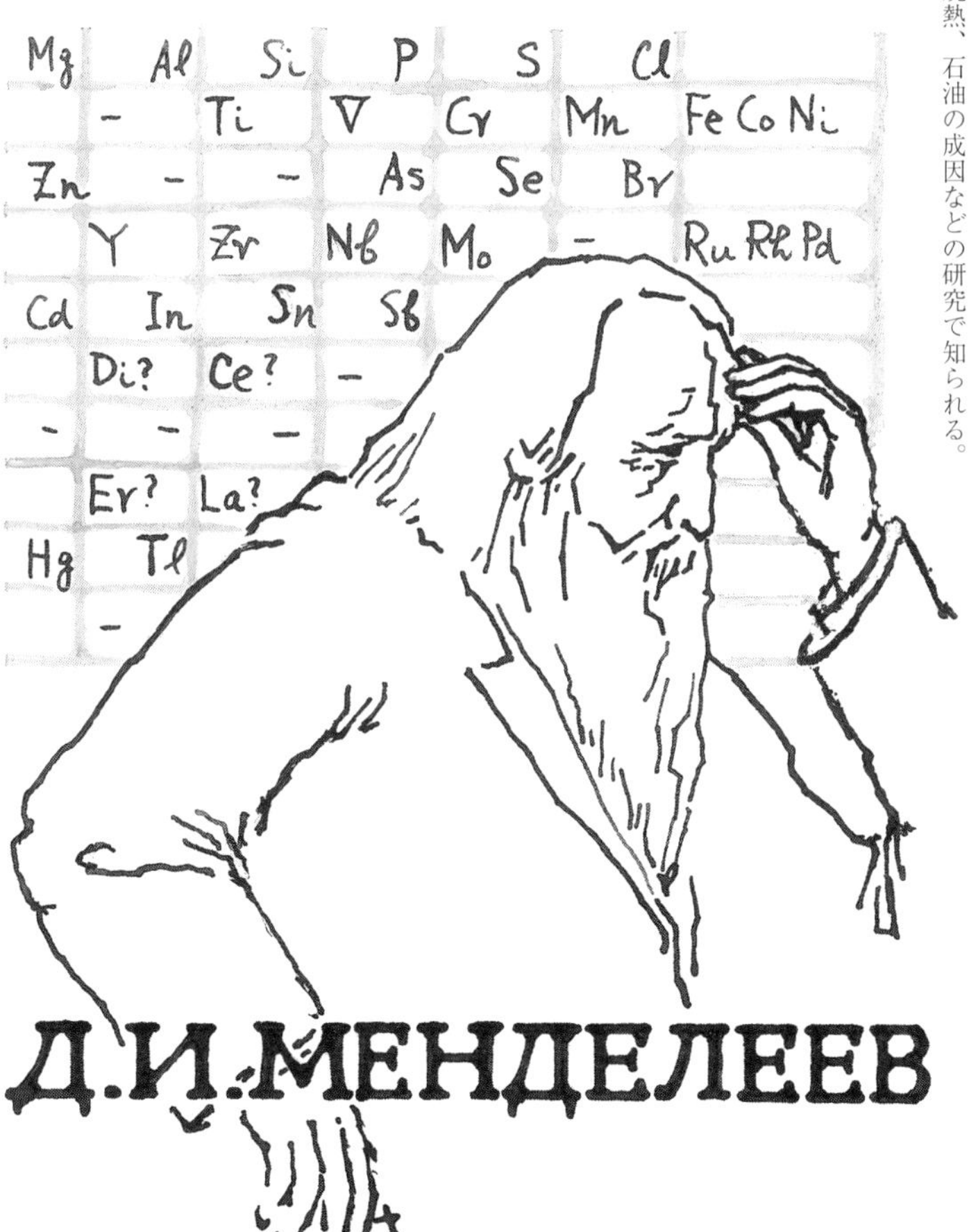

君たちは少なくとも月に一度は床屋《とこや》にいくだろうが、ドミトリ・イワノビッチ・メンデレーエフときたら、年に一度しか散髪《さんぱつ》をしない人だった。しかし、その長くのびた髪《かみ》と広い額の下には、青くすんだするどい目があった。

ぼうぼうのびたあごひげは、がっしりした肩《かた》や胸《むね》にたれていた。その眼光や体つきのようにメンデレーエフは、物質のもとになる性質をズバリと見ぬき「化学のカレンダー」といわれる元素《げんそ》の周期表《しゅうきひょう》をみごとにまとめあげた大科学者であった。

どんなふうにしてそんな大科学者になったのだろうか？「化学のカレンダー」とはどんなものなんだろうか？

ドミトリは一八三四年、シベリアのトボリスクで十四人もの兄弟の末っ子として生まれた。父は高等学校の校長先生だったが、ドミトリが生まれた年、目の病気で視力をうしなってしまった。気丈《きじょう》な母は、古いガラス工場をゆずりうけ、それを経営して大勢の家族をやしないながら、子どもたち一人ひとりを熱心に教育した。しかもそのなかで小さな教会を建て、日曜学校を開いて村人のためにも力をつくした。

当時のトボリスクには、ロシア皇帝《こうてい》の政治に反対する人びとがとらえられ、都市から送られてそこここに住んでいた。正義感と自由な考え方にあふれたこの人たちを、メンデレーエフの家族はあたたかくむかえ、とうとうそのうちの一人はドミトリの姉のおむこさんとなった。ドミトリはこの人から自然科学の手ほどきをうけたといわれている。少年メンデレーエフはこうした家庭と時代のなかで育っていったのである。

メンデレーエフはサンクト・ペテルブルグ大学を卒業し、やがてそこの先生になったとき、大きな厚い化学の本を書くこととなった。その原稿《げんこう》をねりながらどんな順序に書いたらいいか迷っていた。地球上の物質を細かく分けてゆくと、当時約六十の元素からなりたっているのがわかっていた。たとえば、よく知られている元素には水素《すいそ》・炭素《たんそ》・酸素《さんそ》とかがある。それを化学者は共通の記号H・C・Oなどであらわしている。しかしそれらの性質は、軽いもの、重いもの、くさいもの、激《はげ》しいものなどまちまちである。なにかもっと整然《せいぜん》として規則的ならべ方はないだろうか——メンデレーエフは考えた。そしてそれまでの学説と新しい実験結果をもとに、一八六九年ロシア化学会で一つの論文《ろんぶん》を発表した。その内容はこうであった。

（1）元素を原子量《げんしりょう》とよぶ重さの順にならべて表にすると、同じような化学的性質・物理的性質のくりかえしがあらわれる。

（2）この表によって、いままで発表された原子量のまちがいを正しくすることができる。

（3）表のいくつかの空白のところはまだ発見されていない元素で、その性質をくわしく予言できる。

このメンデレーエフの考えにもとづいてまとめられたのが、「化学のカレンダー」とよばれている元素の「周期表」である。

その後元素の数は百以上になったが、（1）でメンデレーエフが示した元素のくりかえしの性質はいまもかわらず、ますますその正しさがはっきりしてきている。（2）の原子量の訂正《ていせい》は、白金《はっきん》の197が198、ウラニウム120が240など、数十を示し、そのいずれも正しかった。（3）の予言は十元素《げんそ》におよび、特にエカボロン、エカアルミ、エカシリコンと仮にメンデレーエフが名づけ予言した性質は、その後スカンジウム、ガリウム、ゲルマニウムとして発見されたとき、だれの目にもこの「化学のカレンダー」周期表《しゅうきひょう》のすばらしさがわかるほどぴったり合っていた。

カレンダーを見ながら、君たちが教科書の準備や休日の計画をねるように、この「化学のカレンダー」である周期表のおかげで、研究者や技術者たちはいろんな化学反応《はんのう》を考えたり、未知の化合物をつくる手がかりを見つけることができるようになった。しかもこの周期表に示された元素のくりかえしあらわれる性質は、化学だけでなく自然科学全体の考え方にも大きな影《えい》響《きょう》を与えることとなったのである。

こうして一九〇七年、七十二歳《さい》でなくなったこの青い目の大科学者を記念して、一〇一番目の元素はメンデレビウムと名づけられている。

10
広いおでこの王さまの目玉

フリードリヒ・ガウス

1777-1855

十九世紀最大の数学者。ドイツの貧しいレンガ職人の家に生まれたが、才能を認めた領主の援助《えんじょ》でゲッティンゲン大学を卒業した。その翌年、代数学の基本定理を証明し学位を得た。一八〇七年以降死ぬまでゲッティンゲン大学教授兼《けん》天文台長をつとめ、解析《かいせき》学、幾何《きか》学、応用数学、測《そく》地《ち》学、天文学、力《りき》学、電磁気《でんじき》学など多くの業績をのこした。

王さまといってもかしこい人もいればおろかな方もいる。意地悪《いじわる》な目をしていたり、らんらんとかがやいている目もある。「数学の王さま」とよばれるドイツのヨハン・カール・フリードリヒ・ガウスの目玉は、広いおでこの下で青い色をしていた。

ガウスは一七七七年、貧《まず》しいレンガ職人の家に生まれた。子どもはおでこが大きいのがふつうなのだが、そのなかでもガウスはすごく大きなおでこをしていて、そしてその下にある目はすでに小さいときからすぐれたひらめきを宿していた。

八歳《さい》のとき、小学校の先生が「1から100まで順に加えたらいくつになるか」という問題を出した。

さあ、君たちならどうするだろうか？

1から100までの計算を、別表①のⒶ式のようにゆっくりていねいに一つひとつくわえてゆくのも決してまちがいではない。

また少し考えのある人は別表①のⒷ式のように、十個ずつこきざみにくわえて最後に合計を出すのもいいだろう。

だが小さなガウスは、大きなおでこのなかで少しばかりちがうことを考えた。別表②のように求める1から100までの列㋑とまったくそのまま逆にした列㋺をならべ、この㋑と㋺をくわえることは、㋑の列の一番目の1と㋺の列の一番目の100の和101、二番目は2と99でやはり101、三番目も101――というようにして、101の数を100個くわえればよいことになる。㋑の列と㋺の列は、

別表①

1＋2＋3……　＋98＋99＋100＝？……Ⓐ

1＋2＋3……＋10 →	55	
	＋	
＋11＋12＋13……＋20 →	155	
	＋	
＋21＋22＋……　＋30 →	255	……Ⓑ
	＋	
…… →	⋮	
	＋	
＋91＋92……　＋100 →	955	

別表②

1＋2＋3＋……　＋99＋100　……㋑
100＋99＋98＋　＋2＋1　……㋺
↓　↓
101＋101＋101……＋101＋101　……㋑＋㋺
×100

(101×100)÷2＝5050　……㋩

逆にしただけでまったく同じだから、求める㋑の列はそれの半分である。

くりくりした青い目の八歳のガウスは、これらのことをたちどころにおでこのなかで考え、㋩の式から正しく五〇五〇と先生に答えたということである。

このほかにもびっくりさせるような数学の天才ぶりを示したので、熱心な先生はガウスにだけ特別の指導《しどう》をするようにした。そしてあまり気のりのしない父親をときふせて、上の学校に進ませた。ガウスはそこでもたちまち最優《さいゆう》秀生《しゅうせい》となった。ガウスのすぐれた才能を見ぬいたチンメルマン教授はさらに大学に行くようすすめた。しかし父親は「レンガ屋のガキに大学などもったいないことでさあ」と今度はがんとして承知しなかった（この本の前の方で読んだように、パーキンやグレアムの場合といい、どうしてこうも父親はわからず屋が多いんだろうと、これは父親の一人である私のひとりごとである）。

こまった教授は領主《りょうしゅ》のフェルディナンド公にうったえた。ガウスを屋敷《やしき》に招いた領主は、ひいでた額と考え深いまなざしを一目見て、これは将来《しょうらい》すばらしい人物になる少年だと感じた。そしてすぐに全部の学費を引きうけ、多くの書物をみやげにおくった（この領主と教授のはからいがなかったら、あるいは天才ガウスもレンガ職人で一生終わったかもしれない。すぐれた科学者を育てるには、それを見ぬく周りの人の目が大きく作用し、必要なことを示している）。

この領主からもらった本の余白《よはく》に、ガウスは「算術幾何平均《さんじゅつきかへいきん》」についての書きこみを残している。「算術幾何平均」というのはこうである。

二つの数を a_0、b_0としよう。

a_0とb_0の和の平均をa_1（これを算術平均という）、a_0とb_0の積《せき》の平均をb_1（幾何平均）としてそのa_1とb_1の和の平均をa_2、a_1とb_1の積の平均をb_2とし、

そのまたa_2とb_2の和の平均をa_3、a_2とb_2の積の平均をb_3というふうに、つぎつぎと計算してゆくと

$a_0, a_1, a_2, a_3, \cdots\cdots a_n$ と $b_0, b_1, b_2, b_3, \cdots\cdots b_n$

別表③

たとえばa_0= 8　b_0= 2　とすると

a_0とb_0の算術平均	$a_1=(8+2)\div 2=5$
a_0とb_0の幾何平均	$b_1=\sqrt{(8\times 2)}=4$
a_1とb_1の算術平均	$a_2=(5+4)\div 2=4.5$
a_1とb_1の幾何平均	$b_2=\sqrt{(5\times 4)}=4.47$
a_2とb_2の算術平均	$a_3=(4.5+4.47)\div 2=4.485$
a_2とb_2の幾何平均	$b_3=\sqrt{(4.5\times 4.47)}=4.48497$
a_3とb_3の算術平均	$a_4=(4.485+4.48497\cdots)\div 2=4.484985\cdots$
a_3とb_3の幾何平均	$b_4=\sqrt{(4.485\cdots\times 4.48497\cdots)}=4.484984\cdots$
a_4とb_4の算術平均	$a_5=(4.484985\cdots+4.484984\cdots)\div 2=4.484984\cdots$
a_4とb_4の幾何平均	$b_5=\sqrt{(4.484985\cdots\times 4.484984)}=4.484984\cdots$

という算術平均a_nと幾何平均のb_nは、だんだん近づいて、ついには同じ数になってしまうという研究である。

例として別表③のようにa_0を8、b_0を2とした場合a_n、b_nはしだいに4・484984……になるのだが、わずか十四歳《さい》の少年の考えとしてはすばらしい研究をやりとげていたことがずっと後年になってわかったのである。ガウスは、本の余白《よはく》に記したこの少年時代の「算術幾何平均」の考えをもとにして、その後「楕《だ》円関数《えんかんすう》」という新しい数学分野の研究をなしとげている。

さてゲッティンゲン大学に入ったガウスは、図書館で書物を読むことの好きな、自分の考えをあまり人に話をしない口数の少ない学生だった。そのひかえ目で、あまり感情を外にあらわさないガウスがたった一度、正十七角形を定木《じょうぎ》とコンパスだけで描く法則を見出したときには、おどりあがって喜び、友だちに語ったということである。（それを記念して、いまゲッティンゲン大学にあるガウスの像は十七角形の台座《だいざ》の上に飾《かざ》られ、深いまなざしをじっと学生たちに投げかけている）。

やがて母校の教授となったガウスは、講義《こうぎ》の時間さえおしみ、たった二度の旅行以外はゲッティンゲンをはなれず、夜を日についで数学の研究に全力をそそいだ。その業績《ぎょうせき》は整数論《せいすうろん》、代数学《だいすうがく》、幾何学《きかがく》、曲面学《きょくめんがく》、最小自乗法《さいしょうじじょうほう》、複素数論《ふくそすうろん》など、あらゆる数学の分野にわたっていた（たんに天才的頭脳《ずのう》をもった人であったなら、私はガウスを君たちに紹介《しょうかい》しなかっただろう。もっていたすぐれた才能をみがきあげるためにガウスは人一倍努力をしたのである。そうした才能と努力の人としてガウスを、私は知ってほしかったのだ）。

ガウスは数学ばかりでなく天文学《てんもんがく》、測地学《そくちがく》、光学《こうがく》、電磁気学《でんじきがく》の分野でも多くの業績を残し、現在磁場《じば》の強さの単位はその功績《こうせき》をたたえてガウスという名でよばれている。

初め、たんにレンガ屋の天才少年であったガウスの青い目玉は同じおでこの下にありながら、努力の結果、人びとから「数学の王さまの目」とよばれるようになり、真実をどこまでも追求《ついきゅう》するすばらしい「科学者の目」となったのである。

11
完全な科学者・市民・愛国者の目

ルイ・パスツール 1822-1895

フランスの生化学者、微《び》生物《せいぶつ》学者。フランス東部のなめし皮商の家に生まれた。高等師範《しはん》学校に入学し化学の勉強をはじめた。一八四九年ストラスブール大学教授、一八五四年リール理科大学学長、高等師範学校理科部長になった。一八四八年から酒石酸《しゅせきさん》の研究をはじめ、立体化学の基《き》礎《そ》をつくった。ブドウ酒の発酵《はっこう》と腐敗《ふはい》の研究、生物の自然発生説の否定、低温殺菌《さっきん》法など多くの功績をのこし、一八八五年には狂犬病《きょうけん》ワクチンを完成した。細菌《さいきん》学、免疫《めんえき》学の祖といわれている。

君は小さなけがをすると、傷口《きずぐち》に赤チンをぬるだろう。君のお父さんはときどきお酒を飲んで目を細めるかもしれない。また君が犬を飼うなら、犬には狂犬病予防《きょうけんびょうよぼう》の注射《ちゅうしゃ》をうけさせなければならない。これらのことはすべてフランス人ルイ・パスツールの研究に関係している。そして古今すぐれた科学者が多くいたなかで、このパスツールだけが「完全な科学者」とよばれている。なぜなのか、その理由をお知らせしよう。

第一の理由は、パスツールの研究がいずれも重要で完全なものであり、人類にはかり知れない恩恵《おんけい》と幸福をもたらしたからである。

パスツールは二十五歳《さい》のとき、ブドウ酒の樽《たる》の底にできる酒石酸《しゅせきさん》とよぶ白い結晶《けっしょう》を顕微鏡《けんびきょう》で調べ、それが二つの別の結晶からできているという重要な発見をした。ここから立体化学《りったいかがく》という新しい学問がひらかれていった。三十二歳のころからブドウ酒やビールのよい作り方を研究し、それは小さな「微生物《びせいぶつ》」とよぶ生きものの働きによるものであり、ものがくさるのと同じしくみであることを確かめた。今日《こんにち》チーズ、みそ、乳酸飲料《にゅうさんいんりょう》、ペニシリンなどの食品や医薬をつくる微生物工業の基礎《きそ》がここから固められたのである。また五十五歳のとき、当時悪気《あっき》や物のたたりだとおそれられていた伝染病《でんせんびょう》は、同じ微生物である細菌《さいきん》が原因であることを明らかにした。こうして細菌を防《ふせ》ぐ消毒《しょうどく》や滅菌法《めっきんほう》がおこなわれたため、外科医術《げかいじゅつ》に大きな進歩がもたらされた。さらに五十七歳のときにはワクチンとよぶ一度弱めた菌をうえつけると、動物はその病気にかからないことを見いだした。このワクチン療法《りょうほう》は多くの病気の予防に役立ち、予防医学に大きな功績《こうせき》を残したのである。

パスツールが完全な科学者といわれる第二の理由は、真剣《しんけん》な科学的態度《たいど》と、たくみな技術とたゆまぬ工夫をそなえていたためである。

パスツールは二十歳《はたち》のとき、高等師範学校《こうとうしはんがっこう》を受験し、十六番で入学を許《ゆる》された。しかしそんな力ではじゅうぶんでないと自分で入学を断り、さらに勉強したうえ、翌年五番で入学した。こうした努力と自分に厳《きび》しい態度は一生かわらず、初め化学を学んだだけだったのに、つぎつぎと生物学や医学の研究につき進んでいった。そしてこの徹底《てってい》したねばり強い努力から生み出された研究内容については、相手がどんな有名な学者であろうと、納得《なっとく》のいくまで激《はげ》しい論争《ろんそう》をおこなった。そのうえ器用な手先とたくみな工夫で、たとえば「白鳥の首」とよばれる特殊《とくしゅ》なフラスコや便利な器具をつくり、それを使ってすばらしい実験をつぎつぎとなしとげていったのである。

第三の理由は、家庭にあっても一市民としてもまったく模範《もはんてき》的な人であったからである。もともとパスツールはお金にこだわらぬ性質のうえ、二人の子を失うなど、決して豊かで幸福な家庭ではなかった。しかしよき理解者であった夫人の努力でりっぱな家庭をつくり、四十六歳のとき、脳出血《のうしゅっけつ》で左の手足が不自由となってからは家中がパスツールの研究を助け、科学者の家庭のお手本といわれるにいたったのである。

また、初めて狂犬病のワクチンを人体に使うとき、その少年の身を案じ眠《ねむ》らずにつきっきりで看病《かんびょう》をおこなった。そのあたたかい人間味に、この瀕死《ひんし》の状態《じょうたい》から救われたその少年は一生をパスツール研究所の守衛《しゅえい》となってささげ、第二次世界大戦の戦禍《せんか》の間、パスツールの遺骨《いこつ》をナチス軍から身をもって守ったといわれている。そしてパスツールは「科学には祖国はないが、科学者は祖国をもたねばならない」という強い愛国心と「科学者の道に二つがある。一つは人びとを戦場にかりたてる血と死の道であり、いま一つは人びとを禍《わざわ》いから守る平和・労働・救いの道である」という、燃えるような人類愛を、言葉だけでなく実行した人であった。

このようにパスツールは深い観察と考える力とあたたかい人間らしい心のほかに、たくみな実験の手とそれを支える強い意志をそなえた、それこそたぐいまれな「完全な科学者」だった。

一八九五年、パスツールは七十二歳で死去《しきょ》した。その遺骨は研究所の一室に「完全な科学者・市民・愛国者」にふさわしく、夫人の遺骨とならんで静かにかざられている。

12
科学者の葬儀を見つめていた少年の目

アービング・ラングミュア 1881-1957

アメリカの物理化学者。ニューヨークに生まれ、コロンビア大学を卒業後ヨーロッパへわたり、ゲッティンゲン大学で学んだ。一九〇九年民間の研究所へ入り真空管《しんくうかん》や真空計の研究開発を行い、一九一九年に化学結合についての基本的な考えを確立した。また吸着《きゅうちゃく》や界面《かいめん》現象なども研究し、一九三二年ノーベル化学賞をうけた。

この前の章でパスツールが一八九五年死去《しきょ》したことをお知らせした。その葬儀《そうぎ》は十月五日フランスをあげておごそかにおこなわれた。そのとき、道の両側につめかけた大勢のパリの市民にまじって、一人のアメリカの少年がじっとその科学者の葬列《そうれつ》を見つめていた。その少年がちょうど、その翌々日、一人でアメリカに帰ることになっていたアービング・ラングミュアであった。

どうしてアメリカの少年が一人で帰ることになったのだろうか？　そしてどんな思いで、このパスツールの葬列を見ていたのだろうか？

ラングミュアの家族がパリに住むようになったのは、一八九二年、保険会社につとめていた父がヨーロッパ支店長となったからである。まだ小さかったアービングは、学校が休みになると兄や弟といっしょに、山登りや水泳ぎに夢中になる元気な子どもだった。ところが上の学校に進むときになって、なぜかアービングは郷里《きょうり》に帰りたいといいだした。父や母の心配をおしきって、とうとう一人で帰ることになったけれども、まだ十四歳《さい》の少年である。パリからアメリカのフィラデルフィアまでの長い一人旅である。出発が明後日という落ち着かない不安の心と目で、パスツールの葬儀を見ていたのであった。

しかし葬列をじっと見つめていたアービングの目には、ふしぎなかがやきがうかんでいた。なんと、すばらしいことだろう。葬儀のきらびやかさではなく、一人の科学者の仕事が多くの人びとを救い、感謝され、そしていまおしまれつつ送られてゆく。こんなにも科学は人びとのためになり、こんなにも科学者は人びとに敬愛《けいあい》される。科学や科学者はなんとすばらしいことだろう――新調の洋服のすそをにぎりしめた少年の目には、大きくなったら科学者になろう、パスツールのような偉大《いだい》な科学者になりたいという決意と願いが、このとき宿った。

少年ラングミュアの決心はかなえられただろうか？　パスツールにならぶ偉大《いだい》な科学者になっただろうか？

アメリカに帰ったラングミュアは、やがてコロンビア大学で金属学を、さらにドイツのゲッティンゲン大学で物理化学を学び、一九〇九年、ゼネラル・エレクトリックの研究所につとめた。この世界最大の電気会社でラングミュアがおこなった研究は、（1）物質の構造（2）熱の伝わり方（3）真空や気体のなかでの放電（4）高温や低温での化学反応《はんのう》（5）物質の表面の働き（6）気象学・人工降雨《こうう》・海洋学……など純粋《じゅんすい》の基礎学問《きそがくもん》から実用品の発明工夫といったきわめて広い分野にまでおよんでいた。たとえば化学反応や触媒《しょくばい》を研究する人は、必ず「ラングミュアの吸着等温式《きゅうちゃくとうおんしき》」というものを勉強するだろうし、私たちがいま使っているガス入り電球は、ラングミュアが一人でもっている一三八の発明の一つなのである。

ラングミュアの研究は五十四冊、三三〇ページの実験ノートにぎっしり記録され、二百以上のすぐれた論文《ろんぶん》にまとめられ、発表された。やがてそれらは化学会賞（アメリカ一九一五年）、カヒューーズ賞（イギリス一九一八年）、ニコラス賞とラムフォード賞（アメリカ一九二〇年）、カニッツァーロ賞（イタリア一九二五年）、パーキン賞（アメリカ一九二八年）、ウィラード・ギブズ賞（アメリカ一九三〇年）、ノーベル化学賞（スウェーデン一九三二年）、フランクリン賞とホーリー賞（アメリカ一九三四年）、ジョン・スコット賞（アメリカ一九三七年）、ファラデー賞（イギリス一九四四年）、マスカール賞（フランス一九五〇年）など、数えきれない多くの賞と名誉《めいよ》にかがやくこととなったのである。

こうしてあのパスツールの葬列《そうれつ》の日、アービング少年の目にきらめいた夢はかなえられ、一九五七年、人びとの愛惜《あいせき》のうちに七十八歳でこの大科学者の目は閉《と》じられた。


ここにラングミュアが子どもたちにおくった言葉がある。

「少年時代、山や海でうんと遊びなさい。それはきっと科学の仕事に役立つからです」

私は君にこの真の意味をぜひくみとってほしいのだ。子どものときには、自然のなかでうんとよく遊び、そこで見、知り、感じ、考えたことを大人になってからの仕事に生かしていただきたい――それがパスツールの葬儀《そうぎ》を見つめていた少年の、世界中の科学賞にうずまった科学者の、君たちへの期待なのである。

13
星とそろばんでZ項を見いだした目

木《き》村《むら》 栄《ひさし》 1870-1943

天文学者。石川県金沢市の生まれ。一八九二年東京帝国《ていこく》大学理科大学星学科卒業。一八九九年から一九四一年まで岩手県水沢の緯度《いど》観測所所長をつとめた。一九二二年国際緯度観測中央局が設けられるとともに局長として活躍。緯度変化の研究に多くの業績をのこした。一九三六年イギリス王立天文学会から金メダルを贈《おく》られ、一九三七年には文化勲章《ぶんかくんしょう》をうけた。

コペルニクスの章で述べたように、月の山やクレーターには、科学者の名をつけることがならわしになっている。しかしほとんどが欧米諸国《おうべいしょこく》の学者の名でうめられていたが、一九七〇年、国際天文連合の総会において月の裏側《うらがわ》のクレーターに七人の日本の科学者の名がつけられることとなった。その一つのキムラ・クレーターは、Z項《こう》を発見した木村栄《きむらひさし》博士を記念してソビエトから提案されたものである。

では、木村博士はどんな科学上の業績《ぎょうせき》を残し、いったいZ項というのはどんなものなんだろうか?

私たちが肉眼で見ることのできる太陽や月や星ばかりでなく、何億光年《なんおくこうねん》も彼方《かなた》にある天体の動きまでが現在ではくわしく調査されている。それだから何月何日何時何分何秒に日食がおこるだとか、金星の観測ロケットを打ちあげるにはいつが一番いいかということが詳細《しょうさい》に計算できるのだ。しかしもとになる地球が不規則な動きをしていたり、地球上の位置が不正確であるとしたら、基地から飛び立った月ロケットも目的のところへいけず、ひどいときには地球へもどれなくなってしまうだろう。

ところが古くからくわしく地球の自転を調べてみた結果、北極と南極を結ぶ地軸《ちじく》が、わずかだがまるでスリコギのような動きをしていることがわかってきていた。こうした地軸の動きを正確に知るため北緯《ほくい》三十九度八分にある世界の各地六地点で、精密《せいみつ》な共同観測がおこなわれることになった。そして、日本では岩手県水沢《みずさわ》が選ばれ、一八九九年(明治三十二年)十二月十六日、ここで観測第一夜を始めたのが当時三十歳《さい》の木村栄であった。

地球の動きを観測するのだから、はるか遠くの動かない星を正確に測定することが第一の仕事となる。晴れてさえいれば外と同じ温度にするため、屋根裏《やねうら》の火の気もない室内で、冬はマイナス十度という寒さ、夏は蚊《か》の群《む》れとたたかいながら深夜四時間の観測が細心の技術と注意をこめて、二十五年もの長い間、元来《がんらい》あまりじょうぶでない身体で続けられたのである。

　こうして得られた観測の結果は、数字の集まりだけである。それらの数値の計算には、当時電子計算機などなかったから、木村は得意のそろばんを使った。計算結果を初めてドイツにある中央局に送ったとき、他国の観測結果とくらべ、日本とロシアの数値が非常にちがっていた。外国の学者は科学におくれた国の観測だからだといい、あわてた日本の役人は点検のために水沢にとんできた。

　木村はなやんだ。自分のこの目で観測したことにはまちがいない。この指で計算したそろばんの結果にも自信があった。しかし従来《じゅうらい》XとYの二つの項目《こうもく》をくわえた公式で示されていた緯度《いど》が、変化する量にはどうしても一致《いっち》しないのだ。心もふさがりがちなある日、気晴らしに昼休みテニスをしていた木村が机《つくえ》にもどって計算結果を見やった。観測の結果にまちがいがないのなら――公式の方がおかしいのではないか？　そうだ！　公式のXとYのほかにもう一つ第三のZの項目をくわえ整理してみよう――そう気づいた木村はただちに各国の結果を取りよせ、またそろばんで計算した。

　こうして木村によって全世界の十年にわたる観測結果はたった二枚の論文《ろんぶん》にまとめられた。ドイツの天文学雑誌にのったこの論文のみごとな正しい整理を見て世界の学者はおどろきほめたたえた。これ以来緯度《いど》の変化量の式には、木村項《きむらこう》ともよばれるこのZ項がくわえられるようになったのである。木村はそのとき三十二歳だった。

これ以後七十歳で勇退《ゆうたい》するまで四十年の間、緯度観測ひとすじにうちこんだ木村博士には、いろいろな話が残っている。計算や読書のため、書棚《しょだな》や文具までそろえた腰掛《こしか》け式の便所の話や、道を歩きながら考えごとをして牛や自動車がこまった話、雑誌社《ざっししゃ》が随筆《ずいひつ》をたのんだところ「ズイヒツとはどんな学問ですか」とたずねた話、奥《おく》さんがハスを一本たのんだらハシを一本買って帰った実話などがあるため、日露戦争《にちろせんそう》も知らなかったという作り話も出たくらいである。

自らの目と考察の結果に自信をもち、世界に日本の緯度観測のすばらしさを示した博士は、初の文化勲章《ぶんかくんしょう》をうけ、昭和十八年七十二歳でなくなられた。

14
激しく燃え不敵に光った天才のまなざし

エバリスト・ガロア 1811-1832

フランスの数学者。独学で数学上多くの仕事をなしとげ、二十一歳で世を去った天才である。パリ郊外《こうがい》の町長の子として生まれたが、その一生はきわめて不遇《ふぐう》であった。志望の学校の入学試験に二度失敗し、師範《しはん》大学に入ったが退学処分《しょぶん》をうけた。その間、二つの代数学《だいすうがく》の論文を学士院に提出したが、認《みと》められないまま失われてしまった。のちに共和主義者として入獄《にゅうごく》し、決闘《けっとう》によってたおれた。決闘の前夜のこした遺書《いしょ》と他の論文は、その後群論《ぐんろん》とよばれる理論に発展し、現代の数学に大きな影響をあたえた。

図の肖像《しょうぞう》を見て君は外国映画に出てくるやさしい少年俳優《はいゆう》かフォーク・ソングの若《わか》い歌手だと思うかもしれない。これは自筆の肖像画をもとにしたが、弟の描《えが》いたのも同じようにやさしいまなざしをしている。

しかし、このエバリスト・ガロアの目こそ、その底に不敵《ふてき》な光を秘《ひ》め、世界の分からず屋どもを冷たくあざけり、ついにその志をとげずに若くしてたおれた天才の目であった。

不敵なまなざしは二つの方向に投げかけられていた。一つは数学の世界であった。

ガロアは一八一一年パリに生まれたが、情熱的で正義感の強い町長の父と、しとやかで愛情深い母に育てられ、十二歳《さい》のころになると、もう数学にすばらしい才能をあらわしはじめた。初めは友だちや先輩《せんぱい》にかりた本で、それがなくなると古本を探《さが》したり、だれも読まずにほこりをかぶっているむずかしい数学の本を図書館からかり出して読みふけった。君たちが将来《しょうらい》、大学へいって勉強するようになったらルジャンドル、ラグランジュ、ラプラス、モンジュ、フーリエといった数学者のことを教わり、そしてその人たちのやった数学のむずかしいのに閉口《へいこう》するだろう。こうしたフランスの生んだすぐれた数学者の本を、中学生のガロアは、まるで楽しい読み物のようにすらすら読み、理解していった。そのうえ十八歳のときには循環連分数《じゅんかんれんぶんすう》、十九歳のときは方程式《ほうていしき》の解法と整数論《せいすうろん》に関するすごい論文《ろんぶん》を書いている。このなかでガロアは新しい「群《ぐん》」とよぶ数学の考え方を初めて用いたのだった。

だから数学の時間となると、早く終わることを祈《いの》っている同級生などは、まるで相手にならなかった。しかも悪いことにガロアを教えた教師連中にはこのすぐれた才能を見ぬけなかった。

ガロアに対する教師などの評点《ひょうてん》は「つまらない質問をして教師をこまらせる」とか「へんくつで級友をからかう悪い性質がある」、「空想家で夢のようなことばかりいっている」さては「不勉強。将来有名になることなし」というものばかりであった（だから教師なんかあてにならないなどと君たちはいってはいけない。これはガロアのような天才の場合の話である）。

　このような周りの無理解とくだらなさにいらいらしていたガロアは、あこがれていた上級学校の入学試験に失敗した。さらに科学院へ送った数学の論文がだれにも見られずそのままなくなってしまった。いかりといらだちのさいちゅう、町の悪いボスたちは、うるさい町長の父をおどかしとうとう自殺《じさつ》に追いやってしまった。父を墓地にうずめながら、ガロアはたび重なる不正を憎《にく》み、分からず屋どもに激《はげ》しいいかりを燃えあがらせた。

　こうしてガロアの目は二番目の不敵な世界にむけられていった。当時のフランスは、ブルボン王家が政治をおこなっていた。しかし民衆はその政治のやり方に不満をもち、自由を求めるさけびがみちていた。ひそかに王政をたおす計画や反乱《はんらん》が共和党《きょうわとう》とか山岳党《さんがくとう》とよぶ一群《いちぐん》の人びとの間でねられていた。世の中の不正をいきどおり、くだらない分からず屋を憎んでいたガロアは「もし必要なら、いつでも喜んで死のう」と激しい革命思想《かくめいしそう》と政治運動のなかにとびこんでいったのである。不敵なこのガロアの考えは純粋《じゅんすい》であったが、考えがあさく物事の裏《うら》を読みとる力がなかった。たちまちとらえられて、一度は釈放《しゃくほう》されたけれど、理由のはっきりしないことからやくざ者と決闘《けっとう》しなければならなくなった。その前夜、寝《ね》もやらず遺書《いしょ》を書き、白んでくる夜明けに追いたてられながら数学に関する論文について書きしるした。「時間がない！　ぼくの頭のなかには広がっているのに」という文字がいたいたしく残っている。翌朝早く決闘《けっとう》がおこなわれ、相手のピストルの弾《たま》はガロアの腹《はら》にあたった。

こうして不敵《ふてき》なすずしいまなざしをもった天才ガロアは分からず屋のために殺されてしまった。そのときのガロアの年は二十一歳であった。

15
炎の光を分析したたった一つの眼球

ウィルヘルム・ブンゼン 1811-1899

ドイツの化学者。ゲッティンゲンに生まれた。ゲッティンゲン、パリ、ベルリン、ウィーン大学に学び、ブレスラウ（ヴロツワフ）、ハイデルベルク大学の教授となった。研究は光学、化学、ガス分析《ぶんせき》、スペクトル分析などをはじめ、ルビジウムの発見、各種化学器具の考案、炉内《ろない》の化学工学的研究におよんでいる。

月の表面がどんな物質からなりたっているかは、月の岩石《がんせき》を分析《ぶんせき》してくわしく調べることができる。ロケットでいくことのできる月はこうした方法で調べられるが、まだいったこともない遠くの星や、太陽の組成《そせい》までもが、いまではくわしくわかっている。その方法を初めて見出し、完成したのがドイツのロベルト・ウィルヘルム・ブンゼンである。

それはどんな方法だったんだろう？　太陽の光をプリズムに通すと、スペクトルとよぶ七色の虹《にじ》のような光の帯ができることは君たちもよく知っている。しかし真の白色光《はくしょくこう》のスペクトルは帯になっているが、太陽の光をくわしく調べてみると、七百本以上の暗い線で光の帯が切れていることがわかった。それでこの暗い線にＡ・Ｂ・Ｃ・Ｄ……といった符号《ふごう》が当時つけられていた。

ところがいろいろの物質を熱して、その炎《ほのお》の光をプリズムにあててみると、光の帯ではなくて光の細い線が決まったところに出てくるのである。たとえば台所で塩ザケを焼いているとき金網《かなあみ》からよく黄色い炎があがっているのを見るだろう。これは塩の中のナトリウムの出す光であって、そのスペクトルはさきの太陽光の暗いＤ線にあたるところが、光の線となっているものである。

一八五九年、ハイデルベルク大学の化学教授であった四十八歳《さい》のブンゼンは、二千度以上の無色の炎を出すガスの燃焼器《ねんしょうき》をつくり、いろいろな物質の光を調べていた（この燃焼器具はブンゼン・バーナーとよばれ、全世界の化学や物理の実験室でいまも使われている）。同じ大学の物理のキルヒホッフ教授のすすめで、炎のスペクトルを調べるため、まず、この燃焼器で、食塩の黄色い炎をつくり、白色光を通してそのスペクトルを見てみるとどうだろう、D線のところが光の線ではなく逆に黒い線となっていたのである。白色光と食塩の炎を重ねたのに、そこが逆に黒く吸収されてしまう――太陽のスペクトルにもD線の黒い線がある！　すると、そのほかの七百本もの黒いすじは、その線にあたる物質が太陽にあるからではないだろうか？

ブンゼンとキルヒホッフはただちに夜も眠《ねむ》らずに、スペクトルがもっとよく見わけられるようプリズムと古い望遠鏡を組み合わせ、タバコが入っていた木箱におさめた世界最初の光を分ける器械――「分光器《ぶんこうき》」をつくった。そして手に入るあらゆる物質のスペクトルを調べてみた。

その結果は予想したとおり、燃焼器の炎から出てくる各種の物質の光の線は、白色光と重ねると、そこが黒い線となることがわかった。そして太陽の七百本の線は、ほとんどすべて地球上の物質が示す黒い線の位置と同じであった。このことは、太陽のなかでそれらの物質が炎となって燃えていること――すなわち太陽にその物質があることを物語っている。それは太陽を形づくっている物質を、光を利用して分析したこととなったのである。

こうしてブンゼンによってひらかれた新しい分析法は、試料《しりょう》がごく少しでも、遠い星のように直接試料が採集できなくても、きわめて正確にそのなかにふくまれている物質の量や組成を知ることができるようになったのだ。

この分光器の製作のようすからわかるように、ブンゼンは二メートルに近い大きな体と、太い指に似合わず、きわめて器用な人で、新しい便利な実験器具をつぎつぎ工夫したり製作していった。いまもブンゼン電池、ブンゼン恒温槽《こうおんそう》、ブンゼンガス吸収計、ブンゼン光度計、ブンゼン水流ポンプ、ブンゼン熱量計など、多くの器具にブンゼンの名がつけられているし、暗い室内で写真を写すときマグネシウムを燃やして光を出す方法もブンゼンが見つけだしたものである。このほか気体の研究、光化学反応《はんのう》、あるいはアイスランドの火山岩や温泉を調べ、地球化学という分野もきりひらいていった。

これらのことからわかるようにブンゼンは理論よりもたくみな実験とするどい観察にもとづく十九世紀最大の実験化学者であった。しかも学生一人ひとりを細かくやさしく指導《しどう》し、多くのすぐれた化学者に育てた偉大《いだい》な教育家でもあった。そしておどろいたことに、このするどい実験者であり、やさしい教師であったブンゼンの眼球は、若《わか》いとき猛毒《もうどく》のヒ素化合物《そかごうぶつ》の爆発《ばくはつ》で右目が見えぬ不自由な片目であった。温厚《おんこう》でかざり気のないこの実験を得意とする科学者の残った一つの目も一八九九年の夏、八十八歳《さい》で閉《と》じられてしまった。

16

恐竜のように滅亡していった研究家の目

リチャード・オーウェン 1804-1892

イギリスの動物学者、古生物学者。イングランドのランカスターの商人として生まれた。十六歳のとき外科医の見習いになり、一八二四年エジンバラ大学医学部入学。卒業後一八三六年解剖《かいぼう》学教授、一八四九年博物館長、一八五六年大英博物館自然史部長となった。恐竜《きょうりゅう》、始祖鳥《しそちょう》などの研究をおこなった。

一九七〇年、日本での万国博覧会《ばんこくはくらんかい》が大阪千里丘陵《せんりきゅうりょう》でひらかれた。君たちのなかにも見物した人もあることだろうが、世界で最初の万国博覧会は一八五一年ロンドンで開催《かいさい》された。そこに建てられた水晶宮《すいしょうきゅう》は博覧会が終わったあとロンドン郊外《こうがい》にうつされ、コンクリート製の恐竜《きょうりゅう》や魚竜《ぎょりゅう》などをならべた古代生物の博物館となった。この計画を進めた人がリチャード・オーウェンであり、また恐竜という名をつけたのもオーウェンだった。

オーウェンは一八〇四年、イングランドのランカスターで生まれ、エジンバラ大学の医学部を卒業した。ふつうの人なら医院を開いたり、大学の先生になったりして、医師としての一生を終えたことだろう。ところがオーウェンは医者のほかにもう一つちがったことを研究していた。君たちのなかにもきっとチョウの採集や魚を飼うことの研究家がいることだろう。小さいとき、そうした生物好きの少年だったオーウェンは、大学を出たころには博物館の一員となるくらい生物や動物解剖《かいぼう》の研究家になっていた。たまたまフランスの有名な博物学者のキュヴィエがロンドンを訪《おとず》れたとき、そのすばらしい学問に感激《かんげき》したオーウェンは、キュヴィエについてパリに行き、化石や古代生物について勉強した。

そのころヨーロッパやアメリカで大きな得体の知れぬ動物の骨《ほね》が古い地層《ちそう》からつぎつぎと見出されていた。しかしその骨はごく一部であったり、かけらでしかなかった。動物の頭の骨だか足の骨だかもわからなかった。たとえそれが背骨《せぼね》だということがわかっても、いったいもとの姿《すがた》がどんな形で、どんな大きさだったか見きわめることができなかった。

一八四二年、医学校教授だったオーウェンはこの古代の骨を調べ、それらが現在のトカゲやワニにくらべ、似通っているところとちがうところを細かに調べあげた。それにはどんな小さなちがいや、似たところも見落とさないするどい目が必要だった。広いくわしい解剖学の知識が必要だった。骨から得られる特長と現在の動物の骨とをくらべ、そこから肉や皮をつけた姿を組み立てなおす構成の力も必要だった。オーウェンはそれらをみなもっていた。研究室にこもってイグアノドン、メガロサウルスなどとよばれる古代生物の骨を調べたオーウェンは、一八四二年これらは大昔、地球上から姿を消したは虫類の一族であることを見出し、それらをまとめてギリシャ語の「おそろしい」と「とかげ」を組み合わせ、ダイノサウリア（恐竜亜目《あもく》）と命名したのである。

その後の研究によれば、恐竜たちはいまから約七千万年から二億三千万年昔の、中生代《ちゅうせいだい》とよぶ地球上にすんでいた生物で、陸地ばかりでなく、水中を泳いだり、木にのぼったりする多くの種類がいたことがわかった。大きなものは高さが十メートル以上、重さ三十トンもあるものから、体長六十センチぐらいの小さなものまでいて、学者によるとたぶん百年以上の寿命《じゅみょう》があったといわれている。こうしてオーウェンによってひらかれた古代生物「恐竜」の研究は、いまも多くの学者によって発展《はってん》し続けられている。君たちがもし古代生物に興味《きょうみ》をもったり、恐竜の復元図のことを調べたりすると、きっと最初の恐竜研究家オーウェンの名に出会うことだろう。

オーウェンはやがて博物館長になり、多くの書物を書き、古生物学者《こせいぶつがくしゃ》の第一人者となった。

王室から別荘《べっそう》をおくられるなど、多くの名誉《めいよ》と自信にあふれたオーウェンは、ダーウィンの進化論《しんかろん》には頭から反対し続けた。

かつてするどくかがやいたオーウェンの目は、この新しい科学の光を感じとろうとしなかったのである。一八九二年、オーウェンは科学の流れに逆らうすねた老人として豪壮《ごうそう》な邸宅《ていたく》で、しかしさびしく死去《しきょ》した。

オーウェンの生涯《しょうがい》は、私たちに科学の発展《はってん》の姿《すがた》を教えるとともに、科学者の厳《きび》しさを物語っている。科学者の目は進歩と発展を見いだしうるよう、いつもくもりなくみがかれていなければならない。いかにすばらしい科学者であり、どんなにすぐれた業績《ぎょうせき》をうちたてたとしても、その名声によりかかって努力をおこたったならば、古代の恐竜《きょうりゅう》たちのように滅亡《めつぼう》の運命が待っていることとなるだろう。科学者も、君も、私たちも一生が勉強なのである。

17
分子をとらえたカメレオンのまなこ

アメデオ・アボガドロ 1776-1856

イタリアの化学・物理学者。はじめ法律を学んだが、のち数学、物理学を学び、自然科学の道に入り、やがて化学へすすんだ。ベルチェリ王立学校、トリノ大学の教授となった。電気、比熱《ひねつ》、毛管現象《もうかんげんしょう》などを研究し、一八一一年アボガドロの法則を発表したが認《みと》められず、五十年後、同国人の化学者カニッツァーロ（19章参照）の紹介で公認《こうにん》された。

中学か高等学校の化学の教科書にのっているこの顔を、大人の人はきっとおぼえているだろう。おぼえているどころか、この人のえらさを知らなかった私なんかは、申しわけないことに、この肖像《しょうぞう》にヒゲやメガネを描《えが》きそえ、よく似た先生には「ガドロちゃん」なるニックネームをつけたりしたものだった。それほどカマキリみたいな顔つきとカメレオンのようなどんぐりまなこは、いたずらな中学生に強い印象を与えていた。しかし、この人の科学に残した功績《こうせき》は、その顔の印象よりも、もっと強く偉大《いだい》であったのである。

一七七六年イタリア、トリノの役人の家に生まれたアメデオ・アボガドロの業績《ぎょうせき》でもっとも知られているのは「アボガドロの仮説」とよばれている分子《ぶんし》の考え方である。

当時化学者の間ではつぎのようなことが問題となっていた。（1）すべての物質を細かく分けていくと、原子《げんし》とよぶ小さな粒《つぶ》となり、それ以上はもう分けられないと考えられていた。（2）水素《すいそ》や窒素《ちっそ》などの気体は、それぞれ同じ温度と圧力の下ではいつも同じ容積を示すことが知られていた。（3）だからその同じ容積の気体のなかにある原子の数は、同じなのではないかという説が出てきた。（4）ところが窒素1容積と水素3容積から出るのは、（1）（2）（3）によると4容積のアンモニアのはずなのだが、実際は2容積しかできない——こういうくいちがいに化学者たちはこまっていたのである。

この動きがとれなくなっていたそれまでの原子の考え方のまちがいを、きれいにすっぱり解き明かしたのが、アボガドロであった。

アボガドロは（1）―（4）を整理して考えた。そしてつぎのようなすばらしい新しい考え方を導《みちび》き出したのである。いままでもうこれ以上分けられないと考えていた原子にも、原子どうしくっつきやすいくせがあるものがあって、原子と考えていたものが本当はくっついた粒と考えればよいのでないか。だから、物質を形づくっているものとしては「本当のもとになる粒」と「それがくっついた全体の一部である粒」と二種類があって、前の方を「モレキュール・エレマンテール」といい、あとの方を「モレキュール・アンテグラント」とよんだのである。

これは今日の原子と分子の考えに一致《いっち》している。この考えによって前に書いた（1）―（4）は「同じ温度と圧力の下で同じ容積の気体は、みな同じ数の分子をふくんでいる」ということにまとめることができたのである（現在では、この数はアボガドロ数とよばれ、6×10^{23}もの大きな数であることが確かめられている）。

物質を形づくっているもとの粒として、原子のほか分子という形があることを示したこの論《ろん》文《ぶん》は、一八一一年三十五歳《さい》のときに発表された。それがどんなに大事なことであるのか、いままでの説明では君たちにあまりよくわからないかもしれない。君たちばかりでなくアボガドロのこの論文の重要なことは、その後五十年もの間、化学者たちの注意をひかなかった。

その理由の一つは、アボガドロが初め弁護士《べんごし》と法学士《ほうがくし》の資格をもつ法律家《ほうりつか》であって、二十四歳のころから数学や物理を勉強してミラノ大学の物理学教授となったことに関係している。アボガドロはそこで熱や電気に関する研究をしたり、気象や統計や教育などを通じて市のためにつくしたので、トリノにはいまも街路《がいろ》にその名がつけられているほどである。しかしこのような物理学者であったので化学者が十分注意しなかったことと、法律家《ほうりつか》のくせか、論文《ろんぶん》がむずかしい表現であったことがあげられる。いま一つの理由は、アボガドロは、やさしい六人の父であり、ことさら自分の論文をいいふらすことをしなかったためともいわれている。

しかし弁護士《べんごし》であろうと物理学者であろうと科学の真理にちがいはない。いかに温厚《おんこう》で、つつしみ深くても正しいことは必ず人びとに認《みと》められる、カメレオンのような大きな目がとらえ、カマキリのようなすばらしい頭脳《ずのう》が考えたこの分子《ぶんし》の論文は、やがてまた同じイタリアの科学者の目によって見いだされることとなるのだが、その日を待たずアボガドロは七十九歳《さい》で死んでしまった。

郵便はがき

料金受取人払郵便

小石川局
承認

8588

差出有効期限
2021年1月
31日まで

【切手不要】

112-8790

127

（受取人）

東京都文京区千石4-6-6

童心社 愛読者係 行

母のひろば
doshinsha
haha no hiroba

ご希望の方に「母のひろば」の
見本誌を１部贈呈いたします

「母のひろば」は、読者の皆様と童心社をむすぶ小冊子です。
絵本や紙芝居、子育て、子どもをとりまく環境などについて、
情報をお届けしています。

見本誌を１部無料で贈呈いたします。右のQRコードからお申し込みください。発送時に振込用紙を同封いたしますので、ひきつづきご購読くださる際はお振り込みください。

発行：月１回●年間購読料：600円（送料込）A4判／8頁

＊こちらのハガキでもお申し込みいただけます。
裏面の必要事項をご記入の上、ご投函ください。

https://www.doshinsha.co.jp/hahanohiroba/index.html/

ご感想、ご意見をおよせください

*ご感想、ご意見は、右のQRコードからもお送りいただけます。
https://www.doshinsha.co.jp/form/goiken.html/

■お読みになった
本のタイトル

*この本のご感想、ご意見、作者へのメッセージなどを、お聞かせください。

ご記入日　　年　　月　　日

フリガナ お客様の お名前	（男・女） 歳	TEL

ご住所 〒

この本をお買い求めになったのは……
□お子さん・お孫さんへ →
□園や学校の子どもたちのため
□文庫や読み聞かせ活動のため
□ご自身で読むため　□その他（　　）

お子さん・お孫さんのお名前		
	年　月生(　)歳	年　月生(　)歳
	年　月生(　)歳	年　月生(　)歳

Eメール

小社カタログを……………………□希望する　□希望しない
「母のひろば」の見本誌を………□希望する　□希望しない
小社のDM、メールマガジンを……□希望する　□希望しない

*お客様の個人情報は、「母のひろば」（裏面参照）やカタログの発送以外には使用いたしません。

*およせくださったご感想などは、作者の方もお読みになる場合があります。

また、小社ホームページおよび「母のひろば」、宣伝物等に掲載する場合がございます。

18
地中の境目を見ぬいたタカのような目
アンドリア・モホロビチッチ 1857-1936

ユーゴスラビアの気象、地球物理学者。イストラ地方のヴォロスコに生まれた。プラハで数学と物理学を学んだ。バカールの海員中学校の先生をしながら気象学をおさめ、一八八七年そこの気象観測所を創設、雲の研究をした。一八九七年ザグレブ大学講師、のちに教授となる。

地震《じしん》・雷《かみなり》・火事・ナントカ……というように地震はこわいものの、イヤなものの代表に考えられている。ところが、この地震がとても大事で、役に立つことがあるのを知っているだろうか？

君たちはすいかを買うとき、ポンポンと指でたたくのを見たことがあるだろう。また胸《むね》や腹《はら》を医者が打診《だしん》するのも知っているだろう。中を割って調べることができないとき、たたいて音の響《ひび》き具合、反射《はんしゃ》のようすから内部のありさまを知ろうとしているのである。地球を大きなすいかと考えれば、地震はちょうどポンポンと指でたたいたこととなる。その地震の波の伝わり方を調べれば地球の内部がわかるというわけである。この地震の研究から地球内部の大きな発見をしたのが、ユーゴスラビアのアンドリア・モホロビチッチであった。

モホロビチッチは一八五七年ヴォロスコという小さな村に生まれた。そして数学と物理を勉強したのち、バカールという町の中学校の先生となった。しかし、この先生は授業が終わると生徒より先に校庭へ出て、空をながめるのが大好きだった。熱心なモホロビチッチはやがてバカールに観測所をつくり、そこで雲の観察にうちこんだのである。

モホロビチッチのタカのような目は、流れゆく雲の姿《すがた》やかわりゆく雲の形を細かに観察したばかりでなく、雲の方向や速度を測定する器械を工夫し、ひいては雲のなかにおこっている動きまで考察して、一瞬間《いっしゅんかん》もじっとしていない雲を、動きあるままとらえたのである。

やがてその研究は「バカール地方の雲の観測と雲の変化」という論文《ろんぶん》にまとめられ、そのみごとな内容によって理学《りがく》博士の学位がさずけられた。

そして三十五歳《さい》のとき、ザグレブ地方の観測所長となってからも、同じような熱心さで、その地方の人びとに直接役立つ雨や気候を細かに研究した。それらは「ザグレブの気候」「ノブスカ地方の雨あらし」、「チャズマ付近の乱流《らんりゅう》」などの論文となって発表された。しかもモホロビチッチはもっと多くの人びとのためになることをめざして、国中の観測所ばかりでなく、周りの国の観測所と連絡をとって、少しでも早く正確な天気を人びとに知らせることに力をそそいだ。


やがてこうした地上の、空の仕事が片づくとモホロビチッチは、なんとこんどは目を地面の下に向け地震の研究を始めた。最新の地震計を観測所にそなえた一九〇九年、大きな地震がユーゴスラビアにおこった。ポクプリエというところが震源地《しんげんち》だったこの地震の結果を集めてみると、みょうなことがおこっていた。地震の波は一定の速度で伝わるのに、震源地からおよそ三百キロメートル以上の遠くになると、急にそれまでより速度が大きくなっていた。これはいったいどういうことなのだろう。モホロビチッチのタカのような目はキラリと光って考えた。

モホロビチッチの考えはこうであった。いま、さし絵のAの所で地震がおこったとしよう。Aから地震の波はB、C、Dと伝わってゆく。ところが地球の内部は同じではなく、上下でちがうところがあって、その境目のところでは地震が早く伝わるとすれば、AからBへ伝わるよりAからCやDに伝わる速さがちがうことになる。地球の内部にそうした大きな境目があると考えたのである。

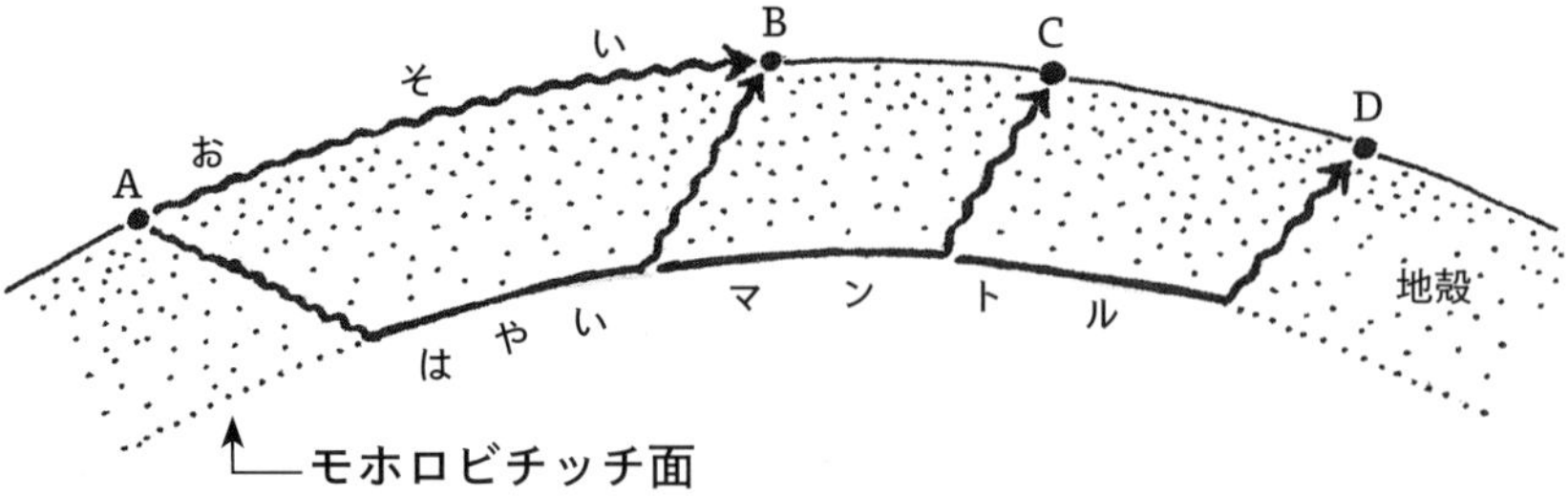

この「ポクプリエ地震《じしん》の観測結果」は全世界の学者の注意を引いた。そしてその後の多くの学者の研究によってモホロビチッチの観測と考えの正しいことが確かめられ、それを記念してこの境目をモホロビチッチ不連続面とかモホ面とよぶことになっている。

地上にしっかりと足を張り、人びとの役に立つ研究をめざし、タカのような目を空と地の底にそそいだこの科学者は、一八三六年七十九歳《さい》でこの世を去った。ユーゴスラビアの切手のなかには、この人の肖像《しょうぞう》がおさめられている。

（※ユーゴスラビア……ヨーロッパ南部のバルカン半島に二〇〇三年まであった連邦国。）

19
学問と祖国愛にもえた化学者の瞳
スタニズラオ・カニッツァーロ 1826-1910

イタリアの化学者。シチリアのパレルモに生まれた。医学を学んでから化学を学んだ。一八四八年革命《かくめい》義勇軍《ぎゆうぐん》に参加したが、敗《やぶ》れてパリへのがれた。一八五五年ジェノバ大学化学教授になり、一八六〇年再び義勇軍にくわわった。一八六一年パレルモ大学教授、一八七一年ローマ大学教授となった。有機《ゆうき》化学に多くの功績を残したが、一八五八年うずもれていたアボガドロの法則を再発見し、近代理論化学の基礎《きそ》の確立につくした。

17章のアボガドロの文のなかで、その分子《ぶんし》に対する考え方が、五十年もたってようやく世の中に認《みと》められたことを述べた。しかしそれは、アボガドロの考えがだんだんとみなに知られていったのではなく、その考えの正しさを見ぬいた同じイタリアの化学者のすぐれた目があったからである。その化学者こそスタニズラオ・カニッツァーロその人である。どのようにしてカニッツァーロの目がこの五十年も見落とされていた論文《ろんぶん》を見出し、どんな考えからこの先輩《せんぱい》の業績《ぎょうせき》をほりおこしたのだろうか?

カニッツァーロは、一八二六年シチリア島パレルモに警視総監《けいしそうかん》の子として生まれた。イタリアのなかでもシチリア生まれの人は情熱的だといわれている。少年時代、カニッツァーロにはほかの子とちがっているところが二つあった。一つはかしこく考え深いうえに、正しいと思ったことを目をかがやかして実行する勇気をもっていたことである。いま一つはほかの者の後についてさわいだりおもしろがるのでなく、責任をもってみなの先頭に立ち全力をそそいだことである。それは遊びでも勉強でも同じであった。こうした少年カニッツァーロは、やがてパレルモとナポリの大学で勉強し、二十一歳《さい》のときはピサ大学で化学を習っていた。

当時のイタリアはオーストリアに占領《せんりょう》され、その厳《きび》しい政治のもとで国が細かく分かれているありさまだった。一八四八年イタリアの各地で、オーストリアからの独立《どくりつ》とイタリア統一《とういつ》の反乱《はんらん》がおこった。その知らせをきいてカニッツァーロの若《わか》い血はたぎった。ただちに故郷《こきょう》に帰ると、シチリア革命軍《かくめいぐん》の砲兵隊《ほうへいたい》の指揮官《しきかん》となって戦った。戦いは敗れカニッツァーロは仲間と船でフランスにのがれ、何カ月もかかってようやくパリに着いたのである。

カニッツァーロはそこで祖国にそそいだ情熱を化学の勉強にむけていった。すぐれた多くの化学者の指導《しどう》をうけ、四年の後イタリアにもどると高等工業学校の先生となり、やがてアレッサンドリア工科大学の教授となって教育と研究に力をつくした。初めは実験室もなかったなかで、数多くの化学の研究をおこなった。後に「カニッツァーロ反応《はんのう》」とよばれる反応を発見したのもこの間のことである。さらにその研究上の熱意をもって学生の講義《こうぎ》の下調べをおこなっていた。

そのためカニッツァーロの言葉によれば、「私自身が歩んだと同じように学生を案内したい」と思って、化学の理論《りろん》と歴史の両方から講義の材料を探《さが》した。理論の方からどうしても原《げん》子《し》や分子の考えが出てくるし、そのもっとも早く正しく発表した人をたずねてアボガドロの論文にたどりついたのであろう。カニッツァーロは「化学講義の概要《がいよう》」という題名でアボガドロの考えを一八五八年論文にまとめ、一八六〇年ドイツのカールスルーエで開かれた国際化学者会議で発表した。カニッツァーロはアボガドロの分子の考えをもっともよく理解し、ほかの化学の法則や結果と関連させて、やさしく整然《せいぜん》と論《ろん》じたので「まるで目かくしがとれたように」多くの学者はアボガドロの分子の考え方を認《みと》めるようになったのである。それはカニッツァーロの少年のころからの全力をかたむける努力と実行、つきぬ学問と祖国への情熱がもたらしたものであろう。

しかもその国際会議が開かれる四カ月前、再びシチリアにガリバルディの独立戦争がおこった。カニッツァーロは大学の講義を中止しその独立運動にくわわりながら、その激しい運動の合間をぬって国際会議に出席したのである。ガリバルディ軍はついにイタリアの独立と統一《とういつ》をなしとげ、カニッツァーロもやがてパレルモやローマの大学で死ぬ前年まで元気な講義と新しい政府の仕事にたずさわっていった。少年のおもかげを残し、目をキラキラかがやかして祖国と学問を愛し続けたこの科学者は、一九一〇年この世を去った。八十三歳《さい》だった。

20
見えぬX線を見つけた目

ウィルヘルム・レントゲン
1845-1923

ドイツの物理学者。プロシアのライン地方の小都市レネップの織物工場の経営者の家に生まれたが、技師の道を目ざして一八六二年チューリッヒ工科大学に学び、実験物理学の研究に進んだ。一八七六年ストラスブール、一八七九年ギーセン、一八八八年ビュルツブルグ、一九〇〇年ミュンヘンの各大学で教授をつとめた。一八九五年X線を発見。一九〇一年ノーベル物理学賞を受賞した。

この本を読んでいる方のなかには、進学や入学の試験に失敗された当人や、その家族の方がきっとおられることだろう。これから紹介《しょうかい》しようとするレントゲンも試験に落ちた一人である。私は決してなぐさめや、あまい言葉をおくる気はない。一人の落第生がどんな人生をすごしたか、その事実をお知らせしたいだけである。

ウィルヘルム・コンラート・レントゲンは一八四五年、ドイツ、ライン地方の織物《おりもの》工場の子として生まれた。しかし少年時代を、母の出身のオランダで、元気で正直なごくふつうの子どもとして平凡《へいぼん》な毎日をすごした。高等学校のときちょっとした事件がおこった。卒業間際の休み時間、生徒たちは陽気にクラスでさわいでいた。だれかが先生のマンガをかいた。レントゲンも入り口でそれを見て笑っていた。そのとき後ろにきたその当の先生がレントゲンをつかまえた。先生はマンガをかいた者の名をいえといったが、レントゲンは答えなかった。おこった先生はレントゲンに卒業試験をうけさせず退学にするよう教授会に決めさせた。友だちをかばったレントゲンを弁護《べんご》する先生もいたので、とくに追試験《ついしけん》をうけた結果でということになった。だが試験の結果は不合格。だからレントゲンは卒業できず、したがって退学にさせられてしまったのである。

人間の長い一生ではほんの小さなことにすぎない。レントゲンは高校卒業でなくても入れる学校を探《さが》し、ようやくスイスのチューリッヒ工科大学に入った。そこでクラウジウスやクントという大先生の講義《こうぎ》をきいて資格や経歴《けいれき》でなく、真理がものをいう物理学を一生の仕事にしようと決心した。だがクント先生の助手になったレントゲンは、そこでも高校卒業の資格のない者は大学教授になれない規則があるのを知って苦しまねばならなかった。

しかし独特《どくとく》のすぐれた工夫、考え深い分析《ぶんせき》、正確な実験結果が示すレントゲンの実力に、やがて規則の方がかえられ、教授の資格が与えられた。そして四十三歳《さい》のときにはビュルツブルグ大学の物理学教授となり、また総長《そうちょう》となってからも熱心に「陰極線《いんきょくせん》」の研究を続けた。

陰極線というのは、真空《しんくう》にした放電管《ほうでんかん》のなかで、光って見える電子線のことである。ある実験をしていたレントゲンは、そばにある蛍光板《けいこうばん》が光っているのを見つけた。写真用の黒い紙で、放電管をすっかりつつんでみたが、やはり蛍光板はあわく光っている。黒い紙を通して、目に見えぬものが放電管から出て、蛍光板にあたっているのだ。ノート、書物、木片、トランプ、アルミ板など手近にある物をこの不明のもの——X線は通してしまうのだ。手をかざすとレントゲンの手の骨《ほね》が見えるではないか！　折りたたみのベッドが実験室にもちこまれた。陰極線が知られてから四十年も、だれにも見つからなかった見えないX線を、レントゲンの目は昼も夜も徹底的《てっていてき》に調べた。隣室《りんしつ》までこのX線がつらぬき、ドアの形が写真の乾板《かんぱん》に写ったことを知ったとき、レントゲンはそのドアをこわして金具や塗料《とりょう》を残らず調べもしたのである。そうして一八九五年、五十歳のレントゲンはX線発見の報告を学術雑誌《がくじゅつざっし》に発表した。

このことはまもなく全世界に知れわたった。十九世紀最大の発見という称賛《しょうさん》の声がうずまき、嵐《あらし》のような拍手《はくしゅ》のなかで多くの表彰《ひょうしょう》、会見、講演会《こうえんかい》が開かれ、X線はレントゲン線とよばれた。同時にもっと前に発見したという学者や、まぐれだとかげ口をいう教授、はてはX線応用心霊術《しんれいじゅつ》やX線よけ下着を宣伝《せんでん》する者などがあらわれた。

レントゲンはこういうさわぎには、あの高校生のときみたいにだまっていた。ただ一度ある電気会社がX線の権利《けんり》を買いたいと申し出たとき、声をあらげてきっぱりと断ったのである。そのため今日《こんにち》人類全部が、医学や、理工学の分野でX線の恩恵《おんけい》をどれほどうけているかはかり知れない。目に見えぬX線を見いだす目をもったこの清《きよ》らかな科学者は、その功績《こうせき》によって第一回のノーベル物理学賞をうけたのである。

21
海賊船に乗っていた気象学者の目

ウィリアム・ダンピア 1652-1715

イギリスの探検航海者。メキシコ、ペルー、チリ海岸の探検や、世界一周をおこなった。一六九九年オーストラリアを探検、ダンピア群島、ダンピア海峡を発見した。

物騒《ぶっそう》な時代になったもので、飛行機を乗っとる事件が、時々世界の各地でおこるようになってきた。昭和四十五年、日本でも「よど号」機が空賊《くうぞく》に乗客ごとおそわれる事件がおこった。のん気な私なんかは、このとき初めて空賊という言葉をきいて、なるほどこれで山賊《さんぞく》・海賊《かいぞく》・空賊と三賊がそろったなと感心したものである。この空賊の大先輩《だいせんぱい》にあたる海賊は、十八世紀ごろまで世界中の海であばれまわっていた。童話や物語のせいか海賊というとなんだかカッコよい大冒険者《だいぼうけんしゃ》のように思えるが、海賊たちはつらい船乗りがいやになった者や、陸で悪いことをした無法者《むほうもの》の集まりであった。なんら防備《ぼうび》をもたぬ船や、沿岸《えんがん》の人家《じんか》をおそって、財産やたくわえた食料をうばいとるため、人を殺したり、人質《ひとじち》を連れ去ったりという乱暴《らんぼう》を平気でおこなっていたのだ。しかも、この海賊をけしかけたり、操《あやつ》って国力を富《と》まそうとした国王もあったのだからひどい話である。

だから営々《えいえい》とまじめに働く一般《いっぱん》の人びとにとって、海賊たちは生活をおびやかすけものの目をした「人でなし」であった。そのギラギラ血走ったなかでごく少数だが「科学者の目」をもった人がいた。イギリス人ダンピアがその一人である。

ウィリアム・ダンピアは、一六五二年イギリス、サマセットの農家の子として生まれた。大きくなると貧《まず》しい家の常として軍隊《ぐんたい》に入ったが、訓練《くんれん》で苦しみばかりの生活にあきて、二十二歳《さい》のとき、海賊の仲間に入り、西インド諸島《しょとう》の海をあらしまわった。積荷《つみに》のある商船《しょうせん》にひそかに近づくと、海賊船はマストに「ジョリー・ロジャー」とよぶガイコツの黒い旗《はた》をあげ、武器を手におそいかかる。捕虜《ほりょ》を船室におしこめ、分取り品の分配がすむと、食物と酒を山と積み戦勝の宴会《えんかい》を開く。

『宝島《たからじま》』に出てくるように、

♪死人の箱にゃ十五人

それからラム酒が一びんだ

というような歌を大声で歌ってさわぐのが常だったが、そのなかに、こういう歌があるのをダンピアはいち早く耳にとめた。

♪六月はまだ早い

七月はそろそろ準備

八月はしっかり見張りしろ

九月は時々思い出し

十月すっかりおしまいだ

それは、大西洋でハリケーンとよばれる暴風雨《ぼうふうう》についてのいい伝えである。過去をわすれ、現在のおもしろさだけに酔《よ》いしれている海賊たちのなかにあって、ダンピアは明日のため未来にそなえて海の気象、特に暴風雨の知識と観察を集め出していたのである。

ダンピアたちはさらにメキシコ、ペルー、チリの海岸をまわり、太平洋を横断しフィリピン、東インド諸島《しょとう》を経てインド洋まで船をはしらせた。太平洋では台風、インド洋ではサイクロンとよばれる暴風雨にいく度か出あったダンピアは、その体験から、それぞれの海の風向きや風の分布のちがいを初めて資料にまとめ、特にアジアの大風については「七、八、九月に発生する激《はげ》しいうずまきである」と記録を残している。

しかし、ダンピアは海賊《かいぞく》の仲間割れのためか三十六歳《さい》のとき、スマトラの西にあるニコバル島に置き去りにされてしまった。約三年の苦心の後、全身にいれずみをしたマレー人とともにイギリスに帰ることができたが、この間の見聞《けんぶん》と記録を四十五歳のとき『新世界周航記《しんせかいしゅうこうき》』として出版《しゅっぱん》した。それは海上における暴風雨《ぼうふうう》を、気象学者と同じ態度《たいど》で記録した貴重《きちょう》な資料と評《ひょう》せられ、海賊ダンピアの名は気象学の歴史に永遠に残ることとなったのである。

ダンピアは四十七歳のとき、今度は国王から命ぜられオーストラリア、ニューギニアなどを探検《たんけん》した。そして一七一五年、波瀾《はらん》に富《と》んだ六十三歳の生涯《しょうがい》をロンドンで終わった。もしあなたがくわしい世界地図をもっていたら、ニューギニアやオーストラリアのまわりにダンピアという名の海峡《かいきょう》や島を見つけることだろう。それは「科学者の目」をもった元海賊ダンピアが地図の上に残した記念の名前なのである。

22
この世でもっとも巨大なものを見つめていた目
ウィリアム・ハーシェル 1738-1822

ドイツ生まれ、イギリス国籍《こくせき》の天文学者。一七五七年イギリスにわたり、音楽をこころざし指揮者《しきしゃ》となったが、一方で星の観測を続けた。生涯《しょうがい》に四三〇個自作の望遠鏡をつくったといわれ、一七八一年その反射望遠鏡で天王星を発見し、国王ジョージⅢ世づきの天文学者となった。天王星と土星の衛星《えいせい》をそれぞれ二個発見したほか、太陽系の空間運動や恒星《こうせい》宇《う》宙《ちゅう》の形について研究し、恒星天文学の祖《そ》といわれている。

いままでいろいろな科学者の目を紹介《しょうかい》してきたが、今回はこの世でもっとも大きなものを見つめ考えた科学者のすごい目をお知らせしよう。それは、一七三八年ドイツに生まれたフレデリック・ウィリアム・ハーシェルの目である。

ハーシェルの父は軍楽隊《ぐんがくたい》にいたので、音楽と星の美しさを幼《おさな》いハーシェルに教えるのをわすれなかった。この父の教えがハーシェルの一生を決めることとなった。十九歳《さい》のときイギリスにわたったハーシェルは、町角でバイオリンやオーボエを鳴らして生活するという苦しいなかで、星の本を読むのをただ一つのなぐさめとしていた。やがて教会のオルガンひきにやとわれたハーシェルは「本当の星の姿《すがた》を知りたい。ほかの人が見た星を、自分もこの目でよく見たい」とボール紙とレンズを組み合わせ、自分で望遠鏡をつくった。そして初めて木星とそのまわりの星を見て、無上《むじょう》の喜びにひたったのである。

しかし、ボール紙の望遠鏡では遠くの小さい星は見えない。もっと性能のよい望遠鏡はとても高くて買えない。初め星だけを見たいと思ったハーシェルの目は、こうして工夫をこらす目へとかわっていった。

安くて倍率のよい望遠鏡をつくるため、ハーシェルは大きな鏡を根気よくみがいた。そしてなんと二百枚もの失敗をしたあげく、ようやく三十六歳のとき直径十三センチの反射型《はんしゃがた》望遠鏡をつくることができた。この型の望遠鏡は、そのためハーシェル型とよばれている。ハーシェルは、この望遠鏡で多くの星を妹とともにくわしく観察し、さらに大型の望遠鏡をつくり、天文学上の発見をつぎつぎにおこなっていった。天王星《てんのうせい》を見つけ出したのもその一つである。

これらの功績《こうせき》による年金《ねんきん》がもらえるようになったので、ハーシェルは四十四歳のとき初めて音楽をやめ、天体の観察に専念《せんねん》することとなった。

　だが星を見るために工夫をこらしたハーシェルの目は、このときもっとも大きなものを見ようとめざしていたのである。それはいままでの天文学者が一人も考えなかった全天《ぜんてん》の星を数えるという仕事であった。まず全天を細かなマス目で割り、そのうち一〇八三のマスを選び、そのなかにある星を直径五十センチ、長さ七メートルの当時最大の望遠鏡で数えつくしていった。しかもハーシェルの目はたんに星の数を知るのではなく、そこからつぎのようにして私たちの住む銀河系宇宙《ぎんがけいうちゅう》の姿を見つけようとしていたのである。

　ハーシェルの考えはこうであった。星は同じような割合で宇宙全体にちらばっているとする。そして遠い星ほどうすく、近い星ほどはっきり見えると考えよう。そうするとマス目の星の数を知ることによって宇宙にちらばっている星のようす、すなわち宇宙の形を知ることができる――。こうしてハーシェルは銀河系宇宙の姿を、厚さが一で直径が五の凸《とつ》レンズのような形をしていて、ところどころに割れ目や入り組んだところがあるけれど、直径はおよそ七千光年であるという結論を得たのである。

　星との距離《きょり》や暗黒星雲《あんこくせいうん》というものがわかった今日では、銀河系宇宙の直径はおよそ十万光年、まんなかに小さなふくらみのある丸いおせんべいのような形であることが明らかとなった。しかしハーシェルが見いだした基本の姿はかわっていない。ハーシェルの目はみごとに二百年も前にこの巨大《きょだい》な銀河系の姿を初めて科学的にはっきりさせたのである。

　ハーシェルの業績《ぎょうせき》には多くの名誉《めいよ》や賞がおくられた。しかし、ハーシェルの目はそんな小さなものにおかまいなく、死ぬ二ケ月前まで広い天空を見続け、八十三歳《さい》でなくなった。

23
πの値を見きわめた中国科学者の目

祖《そ》沖《ちゅう》之《し》 429-500

古代六朝《りくちょう》時代の数学者として知られ、その著書といわれている『綴術《てつじゅつ》』は古代中国数学書の最高峰と称《しょう》せられ、級数、円周率などが記されていたと伝えられている。また、彼の子の祖暅之《そけんし》も父の仕事をつぎ大明暦《だいみんれき》を制定し、同名の本を著したが、今はのこっていない。

小学校四年生の人ならば、円周率《えんしゅうりつ》のことを知っているだろう。円周と直径の長さの比、π《パイ》の数三・一四一五九二六五……という数をおぼえるため、いろいろ苦心した人もいるにちがいない。

この円周率πは、古い時代からギリシャ、バビロニア、中国、インドなどでは、三という数が用いられていた。紀元前二〇〇〇年の古代エジプトでは、三・一、紀元前約二〇〇年のギリシャの数学者アルキメデスは三・一四、紀元約一五〇年のギリシャの天文学者トレミーは三・一四一五まで正しい値《あたい》を出していたが、それ以上の正しい値は、ヨーロッパでは十六世紀まで求められていない。

このπの値を紀元四五〇年ごろの昔、いち早く三・一四一五九二まで計算したすばらしい科学者がアジアにいた。中国《ちゅうごく》の祖沖之《そちゅうし》がその人である。

祖沖之はどんな方法でπを計算したのだろうか？　そのくわしいことはわかっていないが、だいたいつぎのような方法だったと考えられている。

いま円の外と内に接する正三角形をつくると、円周の長さは外接《がいせつ》三角形の辺の長さの合計と内接《ないせつ》三角形の辺の長さの合計の間にあることがわかる。三角形を六角形にし、さらに十二角形、二十四角形、四十八角形、九十六角形、一九二角形……と角の数を増してゆくと、その外接正《せい》n《えぬ》多角形《たかっけい》の辺の長さの合計と内接正n多角形の辺の長さの合計は、しだいに円周の長さに近づいてゆく。

ところで、ある外接正n多角形の辺の長さの合計をA、内接正n多角形の辺の長さの合計を

Bとし、その二倍の外接正2n多角形の辺の長さの合計をa、内接正2n正多角形の辺の長さの合計をbとすると、図の式のような関係式が得られる。

このnの数をうんと大きくすると、円周がより正確に計算され、したがってその円周を直径で割れば正確なπの値が得られることとなる。

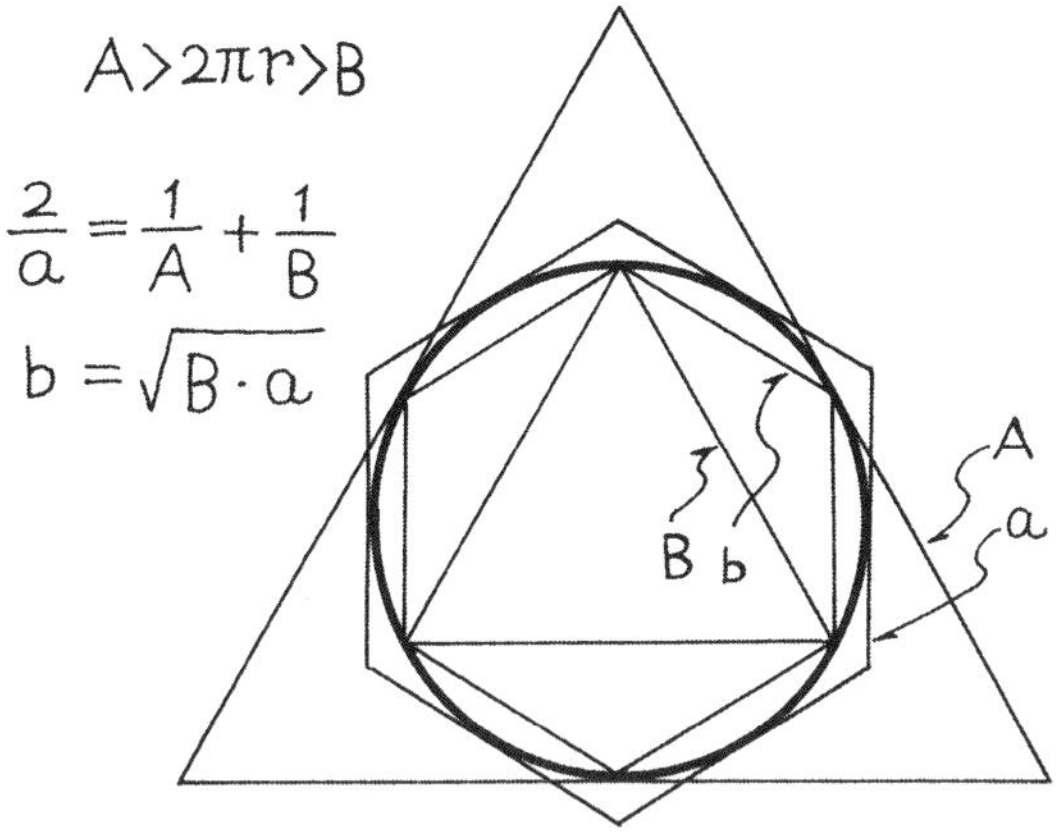

アルキメデスは、この方法により、九六角形からπが($\frac{22}{7}$)と($\frac{223}{71}$)の間にあることを見出した。

祖沖之は、アルキメデスのやったことや数値をまったく知らずに、自力で同じ方法を考え出したものと思われる。そして、πとして約率《やくりつ》($\frac{22}{7}$)と密率《みつりつ》($\frac{355}{113}$)を算出したのである。

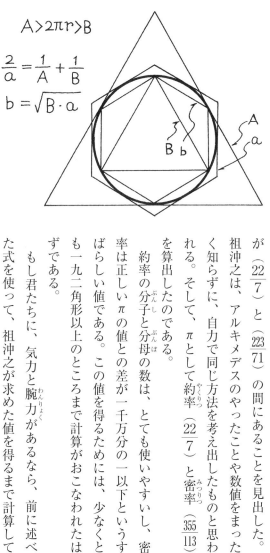

約率の分子《ぶんし》と分母《ぶんぼ》の数は、とても使いやすいし、密率は正しいπの値との差が一千万分の一以下というすばらしい値である。この値を得るためには、少なくとも一九二角形以上のところまで計算がおこなわれたはずである。

もし君たちに、気力と腕力《わんりょく》があるなら、前に述べた式を使って、祖沖之が求めた値を得るまで計算してみるといいだろう。最初三角形から出発するなら、小数点以下三八四位以上の数を用意しないと、祖沖之の値が得られない。

それはうんざりするような根気《こんき》と精密《せいみつ》さのいる仕事である。イギリス人シャンクスは計算に一生かかって一八七三年、小数点以下七〇七位までを算出《さんしゅつ》した。おどろいたねばり強さであったが、残念にも五二八位にあやまりがあることがのちに発見された。現在では、別な数式と電子計算機のおかげで、小数点以下十万位までが、きわめて短時間に求められるようになっている。

しかし、このような小数点以下何万位の円周率《えんしゅうりつ》は、実際に使うことがなく、最新のジェット機や人工衛星《えいせい》の計算のときでも、せいぜい三・一四一六ぐらい、すなわち密率《みつりつ》以下の数値は必要がないのである。したがって祖沖之《そちゅうし》のえらさは、たんに古い時代にπの値《あたい》を細かに求めたことにあるのではなく、実際に必要な範囲《はんい》を見きわめ、約率《やくりつ》と密率という二種《ばい》の値を提出《ていしゅつ》した点、そこに科学者の目を働かしたところだと私は考えている。

祖沖之はそのほか、歴法《れきほう》や天文学の研究をおこない、指南車《しなんしゃ》とか千里船《せんりぶね》とよぶ自動機械や装置《そうち》を工夫して宋《そう》の孝武帝《こうぶてい》に仕えた。このすぐれたアジアの科学者は五〇〇年（永元《えいげん》二年）七十一歳《さい》で没《ぼっ》したが、その子祖暅之《そけんし》も、父を継《つ》ぐすぐれた科学者だったことが伝えられている。

24
地図から大陸の動きを読みとった目

アルフレッド・ウェゲナー 1880-1930

ドイツの気象、地球物理学者。はじめベルリンで天文学を学び、のちリンデンベルク高層気象台、マグデブルク大学、グラーツ大学につとめた。一九〇六年兄といっしょに気球の滞在《たいざい》記録52時間をつくった。一九一二年大陸移動説を発表、また妻《つま》の父ケッペンと地質時代の気候を研究した。四回にわたってグリーンランドを探検したが、行方不明となった。

君だって時々ぼんやりなにかをながめることがあるだろう。なにかの拍子《ひょうし》で、ぼんやりと世界地図をながめるときもあるだろう。横をむいたサレコウベみたいなアフリカと、耳のない象のような南アメリカを見て、君はどんなことを考えるだろうか。

アルフレッド・ウェゲナーは、一八八〇年ベルリンに生まれた気象学者である。同じ気象学者の兄さんと、気球に乗ったり探検《たんけん》に出かけたりしていた若《わか》いウェゲナーは、ある日、君と同じようにぼんやりと地図のアフリカと南アメリカの形をながめていた。そしてアフリカの西のくぼみと南アメリカの形をながめていた。そしてアフリカの西のくぼみと南アメリカの東の出っぱりの形が似ていることにハッと気がついたのだ。ウェゲナーの目は、この二つの大陸がもとは一つだったのではないか——と目ざとく考えたのである。

活動的なウェゲナーは、すぐにその予想を裏《うら》づける証拠《しょうこ》を調べ始めた。するとどうだろう。アフリカにも南アメリカにも同じ古いシダ植物の化石がうもれていた。氷河《ひょうが》が流れたあとや古代の気象も一致《いっち》していた。遠くはなれて運ばれたようすもないのに、二つの大陸の魚やミミズなどの動物、それに植物の分布がきわめてよく似ていた。また現在ダイヤモンドの第一の産地はアフリカだが、それまではブラジルであったことからわかるように、地質や地層《ちそう》のようすもぴったり合っていた。

ウェゲナーは、このほかたくさんの資料を集めて研究した結果、アフリカと南アメリカだけでなく、地球全体にわたるつぎのような大きな結論《けつろん》を引き出したのである。

いまから三億年以前、二畳紀《にじょうき》・石炭紀《せきたんき》とよばれる時代には、インドやアフリカ、南アメリカ、それにオーストラリアや南極大陸も、みなパンゲアとよばれる一つの大きな陸地だった。ところが石炭紀の終わりごろから、パンゲアに割れ目ができ、だんだんとはなれて、南北アメリカ大陸はグリーンランドをおいたまま西へ西へと移動していった。オーストラリアがちぎれ、南極大陸がちぎれ、インドの三角にとがった鼻がちぢんでヒマラヤの高い山々を形づくっていた——三十二歳《さい》のときから学術雑誌《がくじゅつざっし》にのせたこの論文《ろんぶん》は、第一次世界大戦で戦場にいった間も続けられ、三十五歳のとき一冊《さつ》の本にまとめられた。

ウェゲナーのだいたんな考えは、「大陸移動説《たいりくいどうせつ》」とよばれ、専門《せんもん》の学者ばかりでなく一般《いっぱん》の人びともおどろかした。古代の生物や地質を研究する人の多くは賛成《さんせい》した。しかし地球物理学者たちは、大陸の形や生物の分布が似ているだけでは証拠《しょうこ》にならない。大陸を引きはなす強い力がいったいどこからきたのか不明ではないか、と反論《はんろん》した。

ウェゲナーは気象学者だったし、当時の学問ではその答えははっきりわからなかった。初め熱狂《ねっきょう》した人びとも「さまよえる想像《そうぞう》大陸」とか「ただよう学説」と悪口をいい、やがて大陸移動説などわすれてしまった。

だが、第二次世界大戦以後、各国の地球科学の進歩は、つぎつぎと新しい事実を見いだした。古代の地磁気《ちじき》の研究、海底にある海嶺《かいれい》のなりたち、地質の詳細《しょうさい》、地震《じしん》や地殻《ちかく》の研究——それらはみな一様《いちよう》に、大昔、大陸が一つだったこと、そこから分かれた大陸がいまも動きつつあることをはっきり示していた。大陸を動かす大きな力は地球内部にあるマントルの流れであることもわかった。こうしてウェゲナーの目が地図からすばやく読みとった「大陸移動説《たいりくいどうせつ》」は、再び正しく評価《ひょうか》されることとなったのである。
しかしそれより以前の一九二九年、当時グラーツ大学教授だった四十九歳のウェゲナーは元気に四度目のグリーンランド探検《たんけん》に出かけ、そして一年半にわたる研究資料を犬ぞりに積んで帰途《きと》についたまま行方不明《ゆくえふめい》になってしまった。今日にいたるまでまだ遺体《いたい》も発見されていない。
ウェゲナーの一生も劇的《げきてき》であったし、また大陸移動説ほど評価がいろいろかわった例もめずらしい。

残念なことは、そして反省しなければならないことは、同じものを見たり、ながめたりしていても、すぐれた科学者が一目ですばやく感じとったことや、独特《どくとく》の眼力《がんりき》で瞬時《しゅんじ》に見ぬいたことを、私たちは長いことかかってもじゅうぶん理解できなかったり、おろかにも反対したりしていることである。私たちは科学者の目に学ばなければならない。

（＊ウェゲナーの遺体は翌年発見されてその場所に埋葬《まいそう》された）

25
見つけた芽に打ちくだかれたガンコな目

ヤコブ・ベルセリウス
1779-1848

スウェーデンの化学者。リンシェーピングに教師の子として生まれた。幼いころ両親がなくなり、他人の家に育てられ、苦労しつつ医学を学び開業したが、のち化学者となり一八〇六年ストックホルム大学教授となった。セリウム、セレン、トリウムなどの発見や抽出《ちゅうしゅつ》、化合物の命名法の考案、触媒《しょくばい》や異性体《いせいたい》の研究、原子《げんし》量の精密《せいみつ》な測定などをおこなった。

酸素《さんそ》やアルミニウムを化学の世界ではOやAlという字で書き、原子《げんし》の数はそのそばに小さい数字であらわすことになっている。世界中の化学者はもちろん、中学生以上の君たちなら知っている化学記号である。この化学記号を考え出したのが大実験化学者とたたえられたスウェーデンのベルセリウスである。

イエンス・ヤコブ・ベルセリウスは一七七九年、校長先生の子として生まれた。しかしまもなくあいついで父母を失ったので、中学生のときから家庭教師をして学資《がくし》を得るという苦しい生活が始まった。そのため不屈《ふくつ》だが少々ガンコな、ねばり強いがやや陰気《いんき》な性格が形づくられていった。

やがてウプサラ大学の医学部に進学したけれど、学資がないことと先生とけんかをしたなどのため、何年もかかって、そのうえ化学の点数は落第だが物理はよいからというので、この後年の大化学者はようやくお情《なさ》けで卒業した。しかし、すでにベルセリウスは医療《いりょう》をする間、一人で温泉《おんせん》の分布や電気分解という化学の方法を使うなどしてすぐれた化学の才能をぐんぐんのばしていたのである。

卒業後しばらくしてストックホルム大学につとめるようになったが、そのころ化学の世界は十八世紀になって以来積み重ねられた知識をもとに、つぎつぎと新しい化学の法則が見つけ出されていた時代だった。倍数比例《ばいすうひれい》／質量不変《しつりょうふへん》／定比例《ていひれい》などの法則を、ベルセリウスは「台所より悪い」実験室で、貸してもらった白金《はっきん》ルツボと天秤《てんびん》を使って、精密《せいみつ》で正確な実験の結果により、はっきり証明《しょうめい》した。その方法によって十年間に二千種以上の物質を、助手なしのたった一人で「休みなく」分析《ぶんせき》し、四十三の元素《げんそ》を取り出し、その原子量をきっちりと測定した。

その数値は現在の原子量とほとんどちがわないきわめて正確なものであった。さきに述べた便利な化学記号も、こうしたなかで三十四歳《さい》のとき考え出されたものである。

ベルセリウス教授の実力はヨーロッパ中にとどろき、名声をしたった学生が各国からやってきた。そうした研究のなかで、ブドウ酸《さん》と酒石酸《しゅせきさん》のように、元素の種類や原子の数はまったく同じ$C_4H_6O_6$という組成《そせい》であっても、外形や性質がちがう物質がつぎつぎ見出されてきた。そういうものは、それまでの化学の知識からありえないことだった。さすがのベルセリウスの分析の技術でも、当時の器具では、この差を明らかにはできなかった。

しかし、ベルセリウスの目は、元素の種類や原子の数が同じでも、原子のならび方がちがうのではないかとにらんでいた。そして、この同じ組成でありながら性質のちがうものに「化学《かがく》異性体《いせいたい》」（ちがった性質を示すものという意味）という名をつけたのである。

いままでは、元素の種類や原子の数を化学者は問題にしていたが、ここから原子の並び方や構造のちがいが注意されるようになり、その後のはなばなしい有機化学《ゆうきかがく》の発展《はってん》の「芽《め》」となったのである。

こうして最高の名誉《めいよ》と名声《めいせい》につつまれ、五十六歳のとき初めて若《わか》い奥《おく》さんをもらい男爵《だんしゃく》をさずけられた大化学者ベルセリウスは、若いとき考えた「二元論《にげんろん》」をいつまでも信じていた。ベルセリウスの「二元論」というのは、すべての物質は正《せい》電気と負《ふ》電気をもつ原子やその集まりでつくられているという考え方である。それはNaイオンとClイオンでつくられた食塩のような無機化合物《むきかごうぶつ》には合う考えであるけれども、気体や複雑《ふくざつ》な有機化合物にはあてはまらなかった。

ちょうど化学の世界ではベルセリウスの「化学異性体」がきっかけとなって有機化学の芽《め》が

ぐんぐんのび、無機《むき》化学にとってかわろうとする時代にさしかかっていた。若《わか》い有機《ゆうき》化学者たちは「二元論《にげんろん》」のあやまりをするどく示したが、ベルセリウスはガンコにあらためようとしなかった。初め同じ意見だった人びとも、つぎつぎ明らかにされる実験結果からみな反対にまわってしまった。こうして「二元論」は打ちくだかれ、ベルセリウスは失意《しつい》のなかに六十八歳《さい》でなくなった。

自分がきりひらいた成果から、芽生えた有機化学の研究によって、当の本人の考えがまちがっていることを示されたことは、学問の進歩のためには必要だったが、ベルセリウスにとっては悲しいことであった。

だがあのすばらしい実験の力や、新しい化学の「芽」を見出した目、それに物質と電気を結びつける考え方は、ベルセリウスの功績《こうせき》としていつまでもかがやき、また新しい形となって発《はっ》展《てん》していっている。科学の発展というものはそういうものなのである。

26

暗号と情報伝達の道をひらいた目

フランシス・ベーコン 1561-1626

イギリスの政治家、哲学者。ケンブリッジ大学卒業後、政界、司法界《しほうかい》で活躍し、ジェームズ一世の下で検事総長《けんじそうちょう》、国璽尚書《こくじしょうしょ》、大法官《だいほうかん》にまでなったが、一六二一年汚職《おしょく》の罪《つみ》で失職《しっしょく》した。しかし、自然を征服《せいふく》して人類《じんるい》の幸福を追求しようとし、近代化学の発展《はってん》に応じた新しい自然観の礎《いしずえ》をひらいた。随筆家《ずいひつか》としても有名である。

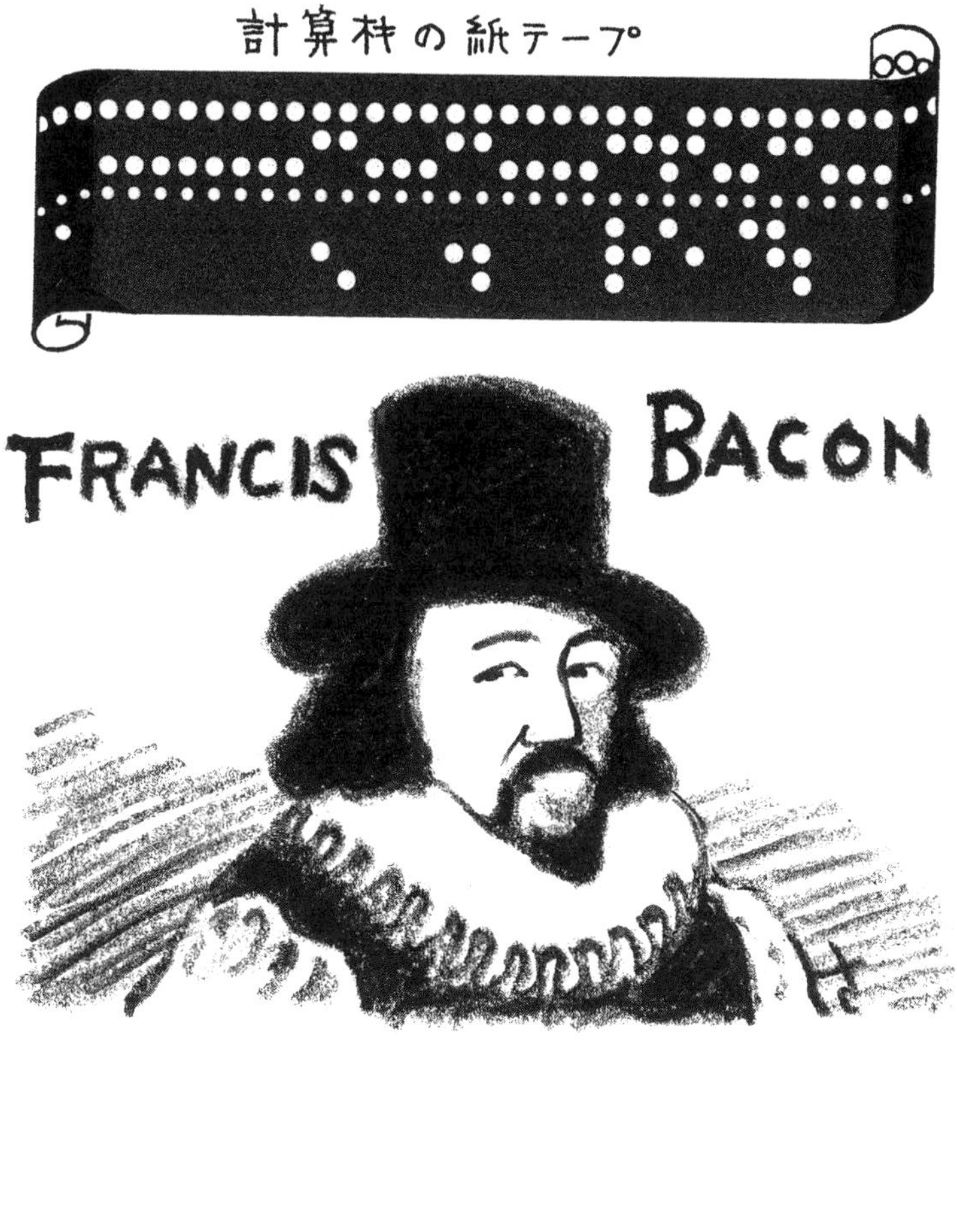

君たちは小さいとき、こんな言葉遊びをしたことがなかったろうか？

①「アバノボコボ　イビヤバネベ」

また別ないい方だと、

②「チアココノコ　チイココヤネ」

だとか、

③「アノサノコ　イノサヤネ」

ということもある。これらはいずれも「アノコ　イヤネ」という言葉を、当人にわからぬようにしながら、仲間だけわかるようにした一種の暗号《あんごう》である。

（知らない人のために解《と》き方をお知らせすると）

①は一字一字のつぎに、同じ母音のバ行の字をくわえる。

②は句の初めに「チ―ココ」をはさみこむ。

③は同じく句の初めに「―ノサ」を添加《てんか》する方法である。

わかっただろうか？　では試しに「アス　アサ　ユケヌ」を①②③の方法で暗号化してみてくれたまえ（うまくできたかどうか、この稿《こう》のおしまいに答えを書いておく）。

さて以上のことは、暗号といっても子どもの遊びに使われるものだから、まことに罪《つみ》のない楽しいものだ。だが実用の暗号となるとそうはいかない。一国の運命や、何億円という損得《そんとく》がからんだ戦争や外交《がいこう》や商売のかけひきのため、多くの学者や技術者が、暗号の作成や解読にさまざまな工夫をこらし、いまも激《はげ》しい火花をちらしている。

そうした暗号の工夫は、すでに紀元前千百年もの昔、スパルタ時代からあったことが文献《ぶんけん》で

古代暗号のいろいろ

知られているし、日本軍の真珠湾攻撃命令《しんじゅわんこうげきめいれい》の暗号「ニイタカヤマノボレ」など、その裏《うら》には乱数表《らんすうひょう》や最新のコンピューターを使っての科学技術の粋《すい》を集める一方、おどしや拷問《ごうもん》や盗聴《とうちょう》など、いやな陰惨《いんさん》な発達をとげている。

ここに述べようとするフランシス・ベーコンはちがった意味で暗号の発達に功績《こうせき》があった一人である。

ベーコンは一五六一年、イギリスの大臣《だいじん》の子として生まれ、代議士《だいぎし》、検事長《けんじちょう》、大臣、大法官《だいほうかん》、男爵《だんしゃく》となり、エリザベス女王とジェームス一世に仕えた政治家であったが、同時にすぐれた考えをもった科学思想家でもあった。

そのころまでダ・ビンチやコペルニクスなど、すぐれた学者が何人かあらわれたが、科学はまだ本当の学問となっていなかった。当時学問と考えられていたのは、実際とはなれた空想や神様のお告げにもとづく理屈《りくつ》を論《ろん》じ合うことが主であった。物をあつかったり実験をしたりすることは、学問らしくない、いやしい職人のやる仕事と考えられていたのである。

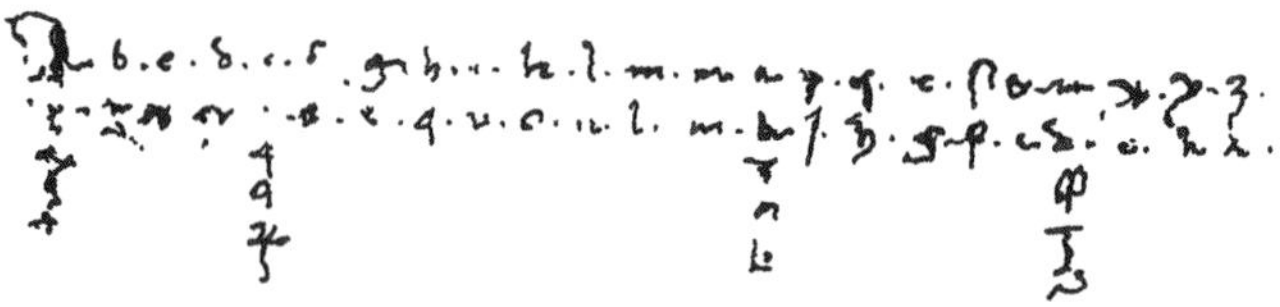

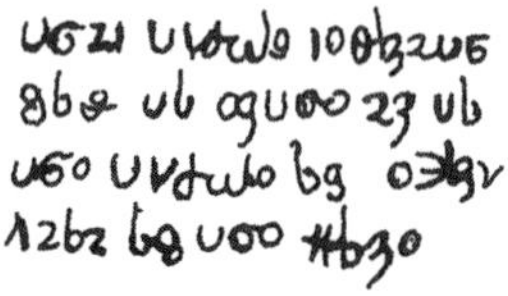

こうしたなかでベーコンは、観察と実験が大事なことを示した。先見やあやまった考えをもたずに自然をありのままによく見、何度も確かめ、その結果を法則にまとめあげることが学問として一番大切であり、自然を知り、自然の法則を知るとき、それらから得た知識は力として役立つことを『学問の大改革《だいかいかく》』とか『新アトランティス』という本でくわしく述べている。ベーコンのこの考え方は、現在も少しもちがわぬすぐれた正しい科学や実験の考え方なのである。

　こうした科学に対する正しい目をもっていたベーコンは『学問の進歩』という本のなかで暗号について述べている。ベーコンは暗号というものは、

(イ)　やさしくつくったり読んだりできること

(ロ)　敵に解読できないこと

(ハ)　ときにはあやしまれないこと

が必要だとして、ふつうのアルファベットABC……をAとBの記号だけの五つの組み合わせにかえ、それで文を書きかえる暗号を考え出した。ふつうのアルファベットが二六字いるところを、この「ベーコンのアルファベ

ット」はAとBの二つの記号だけで表わすことができる――このことがベーコンの暗号の特長であり、大事な点である。

A …AAAAA
B …AAAAB
C …AAABA
D …AAABB
E …AABAA
⋮ … ⋮

というのは、AB二つの記号ですべての文字や文を表わすことができるということは、二つのちがった形や状態《じょうたい》や色や光で文字を表わすことができるからである。現在、新聞社や会社や研究所などのテレタイプや一部の電子計算器では、穴《あな》のあいた紙テープやカードが使われている。ベーコンのAとBの記号が紙テープの穴のあるなしにかわり、それが電子の流れや光の点滅《てんめつ》にかえられ、ニュースを送ったり、すばやい計算をおこなっているのである。だからベーコンの暗号の考えは、戦争やスパイという暗い方面ではなく情報や通信を速くかんたんに、速く確実に送るという明るい世界のなかではなばなしくいまも活躍《かつやく》しているということになる。

日本では豊臣秀吉《とよとみひでよし》の時代にあたるいまから三百年以上の昔、こうしたすぐれた考えをもっていたベーコンも、晩年《ばんねん》は金銭《きんせん》に目がくらんだのか汚職《おしょく》の罪に問われ、鳥のはく製をつくるというようなうらぶれた暮《く》らしのなかで、寒さのため肺炎《はいえん》をおこし六十五歳《さい》でさびしく死んでいった。

（前述した問題の答え）

①「アバスブ　アバサバ　ユベケベヌブ」

②「チアココス　チアココサ　チユココケヌ」

③「アノサス　アノササ　ユノサケヌ」

（＊テレタイプ……テレプリンターの商標《しょうひょう》名。一九一〇年代にアメリカで開発されたタイプライター型の電信送受信機。コンピュータの普及《ふきゅう》にともない一九八〇年代前半には姿《すがた》を消した。）

27
カシオペア星団の光をとらえた瞳

カロリーネ・ハーシェル 1750-1848

イギリスの天文学者。ウィリアム・ハーシェル（22章参照）の妹。家が貧《まず》しいことと女性であることで学校教育はうけられなかったが、兄ウィリアムとともにイギリスへわたり、家事の世話や望遠鏡の製作、観測結果の記録などの仕事の手助けをしながら天文学を学んだ。一七八六年彗《すい》星《せい》を発見した。その後十年間に彗星を八個発見したが、兄とともに星団《せいだん》や星雲《せいうん》をつぎつぎと発見し、当時知られていたその数一八〇個を二五〇〇個に増加させ、星雲星団の研究に功績《こうせき》があった。

22章の文のなかで私は銀河系宇宙《ぎんがけいうちゅう》を研究した天文学者ウィリアム・ハーシェルは妹と星を観測したと述べた。なぜ、わざわざ妹を出したかといえば、このカロリーネ・ハーシェルこそ兄にもおとらぬすばらしい星の科学者であったからである。それではこのカロリーネがどんな星を研究したかをお知らせしよう。

カロリーネは十人きょうだいの末っ子として、ドイツのハノーバーに生まれた。当時女性が学校にいくことはなかったし、家が貧《まず》しかったので、カロリーネは家の手伝いをして母を助けた。しかし父は音楽と星の美しさを兄にもしたように子どもたちみなに伝えた。

兄のウィリアムがイギリスにわたったとき、カロリーネは世話をするためついていった。ウィリアムの楽器に合わせて、カロリーネは歌を歌ってお金を得た。そして兄の望遠鏡をつくる手伝いをした。それは青銅《せいどう》を凹面《おうめん》に手でみがきあげる、めんどうで骨《ほね》のおれる仕事だった。毎日十六時間も単調で気をつかう仕事をいっしょにしながら、食事や身のまわりの世話をし、退屈《たいくつ》する兄におもしろい本を読んではげました。

こうして当時世界第一の望遠鏡ができた。それによってウィリアムは天王星《てんのうせい》を初め重要な発見と観測をおこなっていった。有名になった兄をたずねて、多くの役人や学者がくるようになったが、お客のもてなしをしながらカロリーネは観測の時刻《じこく》の読み合わせ、ノートの記入、計算、論文《ろんぶん》の整理など几帳面《きちょうめん》にやりとげた。兄をおとずれた人びとは、かいがいしい妹の活躍《かつやく》をほめない人はいなかった。

だがこれだけでは星の観測や研究をした兄を助けたえらさだけである。真のカロリーネのえらさは、兄の研究を助け家事をきりもりしながら、天文学の歴史に永久に残る功績《こうせき》を自分だけの力でなしとげた点である。

一七八六年、兄の旅行の留守中《るすちゅう》、カロリーネは兄のお古の望遠鏡で彗星《すいせい》を見つけ出した。彗星というのは、尾があるので、ほうき星ともいわれ、それぞれ別の細長い軌道《きどう》をたどるうえ、太陽によってかがやいたり暗くなったりするので、とても見つけにくい気まぐれな星である。したがって、彗星を見つけるのは長いしんぼう強い観測と、全天《ぜんてん》の星についての正確な知識が必要となる。カロリーネは、この彗星を十年間につぎつぎ八個も発見していった。

この彗星は地球や火星、金星、土星などとともに太陽系をつくり、さらに、この太陽系のような星が二千億個も集まって、銀河系宇宙が形づくられている。そのなかには星が集団のように固まっている星団《せいだん》や、周りにあるガスや細かなちりが雲のようにかがやいて見える星雲《せいうん》とよばれるものがある。カロリーネはこの星団や星雲を九個も見いだし、当時だれも手をつけなかった二千三百の星雲、星団を整然《せいぜん》とした表にまとめあげた。

その後の研究では銀河系宇宙の外にも、多くの星雲があることがわかった。その星雲の一つ一つは銀河系宇宙と同じ大きさをもっている小宇宙であって、それが無数に集まり、たえず広がり続けている果てない世界がこの大宇宙の姿《すがた》であることが現在知られている。このように、すばらしい発展《はってん》をとげた星雲天文学の土台づくりをカロリーネはおこなったのである。

そのほかすべての星の目録《もくろく》や、さくいんをつくるなどのぼう大な努力と貴重《きちょう》な功績に対し、一八二八年ロンドン天文学会は賞をおくり、名誉会員《めいよ》に推薦《すいせん》した。兄の死後、七十二歳《さい》のカロリーネは生まれ故郷《こきょう》に帰り、静かに余生《よせい》を送ったが、死後やがてイギリスには多くの女性天文学者が活躍《かつやく》するようになった。それらの人びとはいずれもカロリーネの伝記に感激《かんげき》し、カロリーネを鏡として研究にはげんだことを述べている。

このようにカロリーネは、学校も出ていない一人の女性であったが、その目が見つけたカシオペア座《ざ》の星団《せいだん》の光のように、長い時間や距離《きょり》をこえて人びとの心を引きつける、やさしさと美しさにかがやいた科学者であったのである。

28
文学・化学・平和にそそいだ目

アルフレッド・ノーベル 1833-1896

スウェーデンの化学技術者。ストックホルムに生まれた。サンクト・ペテルブルグで教育をうけたのち父の経営する水雷《すいらい》製造工場で働き、十七歳《さい》のときアメリカ、ヨーロッパで機械工学を学んだ。一八五九年以降《いこう》爆《ばく》薬《やく》の研究をはじめ、点火装置、ダイナマイト、無煙《むえん》火薬などを発明し、火薬工場の経営、油田《ゆでん》の開発に成功した。死後、遺産《いさん》は科学と平和の発《はっ》展《てん》を願う遺言《ゆいごん》により、スウェーデン科学アカデミーに寄付《きふ》され、ノーベル賞の基金とされた。

ノーベル賞の賞金は毎年物理学、化学、医学・生理学、文学、および平和の五部門（一九六九年以降《いこう》はそれらと経済学《けいざいがく》の六部門）に等分に与えられる。その額は一定しないが、それぞれ二千万円を超《こ》す。それはノーベルが残した財産の利子《りし》でまかなわれているのだから、もとの財産はたいへんな額である。だがそのアルフレッド・ノーベルがスウェーデンのストックホルムで生まれた一八三三年、貧乏《びんぼう》な一家は破産《はさん》で裁判《さいばん》にかかっている最中だった。そんな貧乏のどん底から、どうしてそんな大金持ちになったのだろうか？

ノーベルの父は決してなまけて貧乏だったのではない。それどころか苦学して建築家となった仕事熱心な人だった。そのうえ発明や工夫が好きで、苦難《くなん》や不運に決してひるまぬ強い意志をもっていた。母は夫の製図を手伝ったり、自分の衣類をお金にかえて家計のやりくりをするやさしい人だった。

四人の子のうち、兄は細かな事務《じむ》の能力があった。次兄は活動的な事業家、そのつぎのアルフレッドは病弱だったけれど、かしこかった。末の弟も科学の才能にすぐれていた。この一家がたがいに助けあい、はげましあって勇敢《ゆうかん》にねばり強く人生をきりひらいていったのが、ノーベル家の発展《はってん》のもととなったのである。

こういう父母や兄弟のなかで育ったアルフレッドは三つのことに「目」をむけていた。その第一は文学だった。十七歳《さい》のとき、父はもっと広い科学の勉強をさせようと、語学のすぐれたアルフレッドを一人で外国へ留学《りゅうがく》させた。しかしアメリカやフランスの二年間、アルフレッドは科学の勉強よりイギリスの詩やフランスの文学に夢中になっていた。とくに博愛主義《はくあいしゅぎ》の詩人シェリーに心をうばわれ、自分も多くの英詩をつくっていた。

そんなに燃え上がった文学からはなれたのは、パリで知った少女の死の打撃《だげき》のためといわれている。しかしその後、病気で療養《りょうよう》をしていたときいくつかの小説を書いたり、ノーベル賞に文学が入っているところからわかるように、アルフレッドの心のなかには文学の炎《ほのお》が消えずに燃えていたのであろう。

やがてアルフレッドの第二の「目」は科学にむけられていった。父の工場であつかっていた火薬《かやく》をもっと強い爆発力《ばくはつりょく》をもち、そして安全で手軽なものにしようと化学の研究を始めたのである。アルフレッドの研究の特長は、細かな現象を少しも見落とさない観察のするどさにある。しみ出た爆薬《ばくやく》がつめものにすいこまれたようすや、傷口《きずぐち》ににじんだ火薬の状態《じょうたい》から、ダイナマイトやゼラチン爆薬が発明されていった。

五カ国語におよぶ語学力で各国の最新のようすをいつも注意しながら、よく考えた熱心な実験によって雷管《らいかん》やプラスチック火薬など三百五十もの発明が生み出されていった。しかし研究にはいつも危険《きけん》や妨害《ぼうがい》がついている。弟のエミールが事故で死んだり、いまから考えると冒険《ぼうけん》と思われるような試験を人びとの前でおこなうなど、アルフレッドは困難《こんなん》な不運をだいたんなねばり強さでおぎないながら、つぎつぎと事業を広げていった。化学者アルフレッドは、同時にすぐれた事業家の「目」をもっていたのである。

このノーベルの強力な爆薬《ばくやく》を戦争に使おうと各国は競《きそ》って買い入れた。そのためノーベルの会社は大きくなったが、一方では各国の利害《りがい》によって工場がつぶされたり、むりな立ち退《の》きを命ぜられることがたびたびおこった。アルフレッドはトンネルやダムの建設のために爆薬が使われずに、戦争という殺人に使われることに心を痛《いた》めた。

一八九二年、かつてやとっていた婦人秘書《ふじんひしょ》が熱心に平和運動を彼《かれ》にすすめた。しだいにアルフレッドの第三番目の「目」は全人類の平和ということにむけられ、どうしたらその理想が実現できるかを考え、調査していったのである。一八九六年六十三歳《さい》でアルフレッドが死んだとき、その一年前に書かれた遺言状《ゆいごんじょう》には、細かな賞金の規定が書かれていた。こうして文学・科学・平和にそそがれたノーベルの「目」はノーベル賞となり、七十年後のいまも人類の理想を追い求めることとなったのである。

29
三太郎の一人の目

長《なが》岡《おか》半《はん》太《た》郎《ろう》 1865-1950

物理学、地球物理学者。長崎県大村市に生まれた。一八八六年東京帝国《ていこく》大学物理学科に入学し、卒業とともに助教授となった。一八八八年以降磁《じ》気《き》の研究をし、一九〇三年有核《ゆうかく》原子《げんし》模《も》型《けい》をとなえた。理化学研究所創立後、原子スペクトルの研究を指導した。地震学の分野にも業績が多い。東京帝国大学教授、大阪帝国大学初代総長、学士院院長などをつとめた。一九三七年文化勲章《くんしょう》受章。

落語に出てくる三太郎は、火事だ！　といわれてあわてて枕《まくら》をもってにげたり、地震《じしん》ではとなりの人の財布《さいふ》をもってかけ出したことになっているが、いま、君がいるところで大きな事故がおこったとしたら、君はどうするだろうか？　急いで安全なところへにげるのは正しいことである。しかし、さわぎのうずのなかで、どちらが安全で、どっちが危険《きけん》か、なにが正しくてなにがあやまりか、よくわからなくなるのがふつうである。そういう場合、三太郎といわれた一人のすぐれた科学者は、どんな態度《たいど》だったかをお知らせしよう。

日本に近代的な物理の土台を築《きず》いた一人、長岡半太郎《ながおかはんたろう》は、磁気《じき》や光学《こうがく》、重力《じゅうりょく》測定など広い研究をおこなった科学者で、当時日本が世界にほこる鋼鉄《こうてつ》の本田光太郎《ほんだこうたろう》、ビタミン研究の鈴木《すずき》梅太郎《うめたろう》とともに「科学界の三太郎」といわれていた。その長岡半太郎の業績《ぎょうせき》のなかで一番有名なのは、原子《げんし》のモデルを初めていい出したことであろう。物質は小さな原子の集まりからなっていることが、それまでの研究でわかっていた。しかし、その原子はどんな形で、どんなようすなのか、まだ当時はわかっていなかった。

一九〇四年、イギリスのトムソンが、原子はぶどう入りのパンのようなものだという論文《ろんぶん》を書いた。全体が一様《いちよう》に正《せい》電気をおびた球状のパンのなかに、ぶどうのように負《ふ》電気をもった電子がちらばっているという原子モデルである。長岡半太郎は同じ年、土星のような原子モデルを提案した。土星のように、まんなかに正電気の重いしんがあり、その周りの土星の環《わ》にあたるところに、負電気をおびた電子がまわっているというモデルである。三十八歳《さい》のときのこの発表の後、多くの原子物理学者の研究によって、つぎつぎ原子の内部が明らかになっていった。

長岡モデルは、こうした研究に一つの進歩をもたらしたすぐれた提案であった。

さて一九二三年（大正十二年）長岡博士が五十八歳《さい》のとき、関東大震災《かんとうだいしんさい》がおこった。はげしい地震は立木につかまっている人も飛ばすくらいものすごいゆれ方だった。しかしそれ以上にひどい災害《さいがい》が火事で引きおこされた。ちょうど昼食時だったので、多くの火災《かさい》が一時に各地で発生した。大火は東京中に広がり、三日間黒煙《こくえん》が天をこがして燃え続けた。地震でたおれた家は十二万八千余軒《よけん》だったのに、その後の火事で焼けた家は四十四万七千余軒にもなった。地震で死んだ人はきわめて少なかったが、火に追われた群衆《ぐんしゅう》はにげまどい、大混乱《だいこんらん》をおこし死傷者《ししょうしゃ》二十万人、行方不明《ゆくえふめい》四万三千余人という大災禍《だいさいか》となったのである。

長岡博士はちょうど三浦《みうら》半島の海岸に避暑《ひしょ》にきていた。はるか北方に見える東京の火煙《かえん》のようすを、時間を追ってスケッチし、その色の変化を細かく記録し、数日後には彩色《さいしき》した絵に仕上げている。人びとは三日も燃える煙《けむり》を見て悪魔《あくま》の雲だとさわぎ、それにのって占師《うらないし》たちがあやしげなことをいいふらしたのを、長岡博士は正確な煙の記録を示し、魔法《まほう》や陰陽術《おんみょうじゅつ》のせいではないことを人びとに教えた。

地震の翌日、こんどは海岸近くの人びとが、津波《つなみ》がくると大さわぎした。長岡博士は、こんなに近い地震のとき、一日もたってから津波がくることはないと人びとに説《と》き、ゆうゆう一人で水泳をしながら海岸が隆起《りゅうき》したようすを調べてまわった。

おびえた人びとは、今度は悪い政治団体や無法なグループが毒薬《どくやく》を井戸に入れたり、財産をとりにくるといううわさや流言《りゅうげん》にまどわされて、なんの罪《つみ》もない日本人や朝鮮《ちょうせん》の人たちをなぐり殺すような大混乱《だいこんらん》をおこした。これらは伝染病《でんせんびょう》をおこさぬため、生水《なまみず》を飲まぬようにという注意があやまって伝えられたり、一部の悪質な者の策動《さくどう》によるものだった。長岡《ながおか》博士はこうした根も葉もないデマを、科学者の目をもって一つひとつつぶし、ほかの学者や学生とともに救援《きゅうえん》活動をおこなう間、観察したことを冷静に記録していった。それらはのちに、この大《おお》地震《じしん》のようすを調べ、対策《たいさく》を考えるうえに貴重《きちょう》な基礎《きそ》資料《しりょう》となったのである。長岡半太郎《はんたろう》博士は一九三一年（昭和六年）大阪大学の総長《そうちょう》となり、多くの日本の原子物理学者を育て、一九五〇年（昭和二十五年）八十五歳《さい》でなくなった。

大きな混乱のなかでは、私たちはともすれば真実を見失いがちである。そういうときこそ、この科学者の冷静な目にならって、私たちもなにが正しいか、なにが人びとに不幸をもたらしているのか、どうすれば真の発展《はってん》にむかうのかを見失わぬようにしたいものである。

30

カエルよ許したまえ、目ざとく動いたあの目玉

ルイジ・ガルバーニ

1737-1798

イタリアの医学者。ボローニャに生まれた。一七六二年ボローニャ大学薬学教授、一七七五年解剖《かいぼう》学教授となる。動物の筋収縮《きんしゅうしゅく》と電気現象の関係について研究し、動物を帯電体《たいでんたい》と考えた。この考えはあやまっていたが、生体の電気現象のみでなく、電流の研究に大きな寄与《きよ》をした。

カエルをつかまえ十二年間も、電気ショックを与えていた科学者のことをお知らせしよう。カエル族にとってはうらみ骨髄《こつずい》、不倶戴天《ふぐたいてん》、悪魔《あくま》のようなこの科学者、一九三七年イタリアのボローニャに生まれたルイジ・ガルバーニであった。

ガルバーニは、決して初めからカエルをいじめる気があったわけではない。ボローニャ大学を卒業して、すぐそこの教授となったほどのりっぱな生理学者《せいりがくしゃ》、解剖学者《かいぼうがくしゃ》だったのだ。だからほかの動物を解剖するのとまったく同じように、カエルも研究に使っていたのである。

これだけなら悪いことはなにもおこらなかった。よくなかったといえば、ある日ガルバーニは解剖をやりかけたまま、カエルの足をぶらさげた状態《じょうたい》にしておいたことである。

悪いことは重なるもので、すぐそばの台の上で摩擦発電機《まさつはつでんき》をまわしてしまったことである。摩擦発電機というのは大きな円板をまわすと円板がブラシをこすり、電気を発生させる装置《そうち》である。

もちろんやりかけの解剖と、摩擦発電機という不運が二つあったとしても、あるいはいま一つ、最後の悪いことさえなかったらよかったのかもしれない。幸か不幸かガルバーニの目玉がいけなかったのだ。

発電機でおきた電気が放電されたとき、ガルバーニの目玉は、カエルの足の方をむき、そしてピクリと動いたのを目ざとく見つけてしまったのである。これがわざわいの始まりだった。

ガルバーニはさっそくこのふしぎな現象を解き明かそうと考えた。つぎつぎとカエルをつかまえ、場所や時間や条件《じょうけん》をいろいろかえた実験がくり返された。

もちろんカエルの方だってじっとしていたわけではない。すばやく飛んでにげ、水にしずんだり穴《あな》にもぐったり、ボローニャ大学の近くは危険《きけん》だからと連絡し合ったことだろうが、ガルバーニのねばり強い熱心さは、ますます不幸を大きくしていった。

その後の多くのガルバーニの研究によると、カエルの足のけいれんは雷《かみなり》でもおこること、カエルを庭の鉄の柵《さく》につるし、別の鉄の棒《ぼう》をつけるとやはりピクピク動くこと、特に二つのちがった金属をつないだときに、よくけいれんがおこることをつきとめた（これらの細かなことがはっきりするまで、ボローニャ近郊《きんこう》カエル族にとってはなんと悲劇《ひげき》の連続であったことか）。

このカエルのけいれん現象は、シビレエイや電気ウナギのように動物の体に特別の電気がたくわえられておこるのだと考え、十二年にわたるカエルの実験と観察の結果とともに、この考えをまとめて一七九一年「ボローニャ学士院雑誌《がくしいんざっし》」に発表した。ガルバーニが五十四歳《さい》のときのことである。

この発表は、ちょうど同じころおこっていたフランス革命《かくめい》と同じように、科学者に大きなおどろきを与えた。科学者たちは競《きそ》ってカエルの実験をおこない、その原因をみな考えた。

残念にもガルバーニよりももっと熱心な物理学者ボルタは、さらに多くのカエルの実験を八年も続けた。そしてとうとう、けいれんはカエルのもっている電気によるのではなく、異《こと》なった二つの金属を接すると電気がおこり、その電気がカエルの筋肉《きんにく》をけいれんさせるという正しい理由をつきとめた。

以上がイタリアのカエルたちがこうむった受難《じゅなん》のあらましであるが、かつらをとった顔からもわかるように、真のガルバーニはおつむのはげた、正義心《せいぎしん》に燃えた人だった。イタリアがナポレオンに占領《せんりょう》されチサルピナ共和国《きょうわこく》となったとき、その政府に忠誠《ちゅうせい》をつくすことをちかわなかった。そのため大学をやめさせられたが、死ぬまでその志をまげなかった。

しかしガルバーニの目玉がとらえたカエルの足のけいれんは、大きな幸《さち》を人類にもたらした。その一つはボルタの研究から電池がつくられ、やがて電磁気学《でんじきがく》や電子工学《でんしこうがく》へ発展《はってん》する道をきりひらいたことである。

いま一つは、ガルバーニが初めて手をつけた生物体と電気の関係は、神経医学《しんけいいがく》や電気生理学《でんきせいりがく》への進歩をもたらした。だからいまでもうらみに思っているイタリアのカエル君たちがいるかもしれないが、一七〇年前のガルバーニを許《ゆる》し、ひとつカエルのカンツォーネでも一曲きかせてほしいのが、私の願いである。

31
エンドウの目・親ゆずりの目

グレゴール・メンデル 1822-1884

オーストリアの植物学者、遺伝《いでん》学者。シレジア地方の小村ハインツェンドルフに元軍人の果樹栽培《かじゅさいばい》者の子として生まれた。家庭はあまり裕福《ゆうふく》ではなく、苦学をして上級学校へ進み神《しん》学校を卒業、司祭《しさい》となった。三〇歳《さい》のときウィーン大学へ学び物理、化学、動物学、植物学、古生物学を学び、その後僧院《そういん》長となった。エンドウを栽培し遺伝の法則を発見、一八六五年に発表したが認《みと》められず、一九〇〇年に再発見されるまでうずもれていた。

一九七〇年、アメリカのコラーナ博士が遺伝子《いでんし》の合成に成功したことが報《ほう》ぜられた。遺伝子がつくれたということは、やがて生命あるものもつくれるということにつながっている。この遺伝子の研究は、遺伝ということを考えることから始まった。

君は小さいとき、あるいはいまでも、目がお父さん似だとか、いやおでこがお母さんそっくりだとかいわれて、恥《は》ずかしがったり、どっちかががっかりしたことがあるだろう。どっちがより多くがっかりしたかは別として、親と子はどうして似ているのか、なぜ似た性質が伝えられてゆくのか——それを明らかにするのが遺伝という学問なのである。

一九〇〇年、ドイツのコレンスはトウモロコシなどの遺伝を調べ、その結果を発表した。ほとんど同時にオーストリアのチェルマクもエンドウについて同じような発表をした。まったく別の研究だったのに結論《けつろん》は同じだった。ところが、さらにマツヨイグサを研究したオランダのド・フリースも同年まったく同じ結論に達していることがわかった。

三人ともべつべつに研究したのにまったく同じ結論になったのは、なにも三人そろってりっぱなヒゲがあったせいではないだろう。広い世界のことだから、まだまだほかにも同じような研究をしている学者がいるかもしれない——というので、三人は世界中の論文《ろんぶん》を手分けして調査した。

予想《よそう》のとおり、やはり同じ法則を見出していた学者が見つかった。しかも三十五年も前に、その論文は発表され、その学者はすでに死んでいた。三人はその遺伝の法則に、その学者の名をたたえて「メンデルの法則」と名づけた。メンデルの業績《ぎょうせき》は、こうして初めて世の中に広く知られるようになったのである。

グレゴール・ヨハン・メンデルは一八二二年、当時オーストリア領《りょう》だったシレジア地方の農家に生まれた。貧《まず》しいなかで勉強するためメンデルはキリスト教の修道院《しゅうどういん》に入った。院長さんは学問に理解があり、おかげでメンデルはウィーン大学で学ぶことができた。メンデルは物理や哲学《てつがく》といっしょに数学や生物学を熱心に学んだ。やがて高等学校の先生をしながら、修道院の庭でミツバチやエンドウを育て、一人遺伝の研究をした。

当時ヨーロッパでは園芸《えんげい》や牧畜《ぼくちく》がさかんで、遺伝の研究をする学者もあった。しかし、それらの人は親のもっている性質をみないっしょに考えていた。メンデルは二つのすぐれた方法を用いた。一つは生物のはっきり区別できる性質――たとえばエンドウのさやの色の緑と黄のちがいだけに注目して、それがどう伝わるかを注意したのである。いま一つは、できるだけ多くの結果を集め、それを統計的《とうけいてき》に大きな区分けをしたことである。

こうして複雑《ふくざつ》に入りまじったものを、偶然《ぐうぜん》や誤差《ごさ》をなくし、できるだけ単純《たんじゅん》なものに分けて考える――という科学者の目が、初めて遺伝の世界にそそがれることとなった。

三十五歳《さい》から八年かかったエンドウの研究は「植物雑種《ざっしゅ》の研究」という題で学会に発表された。しかし今日の遺伝子の基礎《きそ》となったこの重大な四十七ページの論文《ろんぶん》を、当時、だれ一人注目する人はなかった。メンデルはもくもくと実験を続け、生物ばかりでなく、地下水や空気中のオゾン、太陽の黒点《こくてん》などの研究もおこなった。しかし晩年《ばんねん》、修道院の院長となったとき、国のひどい税金《ぜいきん》に十年も反対し続け、遺伝の法則についても「いまに私の時代がくる」といいつつ六十三歳でなくなった。

メンデルの目はエンドウを調べて、かくれた遺伝《いでん》の法則を見つけた。コレンスら三人の学者の目はうもれていたメンデルの業績《ぎょうせき》を見つけ出した。こうしてひらかれ、積み重ねられた遺伝の研究のうえに、コラーナ博士などの遺伝子の合成やその他数々の成果が今日実りつつあるのだ。

どちらに似ているのか知らないが、親ゆずりの君のいい目を、さらにすばらしい科学者の目に育てあげるなら、メンデルが待ち望んだかがやかしい「君たちの時代」がきっとまちがいなくおとずれることだろう。

32
交通事故によって失われたダウの瞳

レフ・ランダウ 1908-1968

ソビエトの理論物理学者。バクーに生まれた。一九二二年アゼルバイジャン大学に入学し、レニングラード大学にうつった。卒業後、ドイツ、デンマーク、イギリスなどに留学、一九三二年ウクライナ物理工学研究所につとめ、翌年ハリエフ工業大学教授、一九三七年モスクワ大学教授、一九四六年スターリン賞を受賞。一九六二年自動車事故にあったが、その年レーニン賞、ノーベル物理学賞を受賞した。

わが国でも交通事故の死傷者《ししょうしゃ》は増加する一方で、被害者《ひがいしゃ》は老若男女《ろうにゃくなんにょ》、さまざまな職業《しょくぎょう》の人がふくまれている。この章では自動車事故にあった科学者ランダウの目のことをお知らせしよう。

レフ・ダビドビッチ・ランダウはソビエトがほこる最高の現代物理学者であった。一九〇八年バクーの石油技術者の長男として生まれたランダウは、ひまがあると算数をやっている子だった。

中学校では数学と物理はいつも一番で、明日が試験という日も二時間だけ教科書を見てそれでいつも満点をとっていた（徹夜《てつや》で勉強したり四当五落《よんとうごらく》などとがんばっている君たちのためそっと教えると、ランダウだって国語はいつも先生にお小言《こごと》をちょうだいしていたのである）。日本の制度とちがうとはいえ、ランダウは十四歳《さい》でバクー大学の物理と化学の試験に合格し、物理に進むことにした。ところがこの〝坊《ぼう》や〟は数学の時間、同級生には〝ちんぷんかんぷん〟の論争《ろんそう》を教授と二人だけで始め、黒板を数式でいっぱいにしたあげく、教授の方が「おめでとう、君は独創的《どくそうてき》な答えを見つけたね」と手を出させる力をもっていた。

やがてレニングラード大学に移ったちぢれっ毛のノッポ坊やは、同級生から「ダウ」というあだ名をつけられながら、こんどは本当にたびたび徹夜をして勉強し始めた。大学を卒業する前の十八歳のとき書いた論文《ろんぶん》と十九歳の大学院のときの論文は、ソビエト国内より外国の学者たちの注目するところとなった。大学を卒業した「ダウ」は留学生《りゅうがくせい》としてドイツ、デンマーク、イギリス、フランスに行きアインシュタイン、ボーア、ハイゼンベルグなど当時の第一流の物理学者の指導《しどう》をうけた。その間磁場《じば》のなかの電子《でんし》の動きについて、新しい考えを論文にまとめて発表した。それはその後「ランダウ反磁性《はんじせい》」とよばれるにいたるきわめて大きな結論《けつろん》だったので、たちまちダウの名は世界中の学者から敬愛《けいあい》されることとなっていった。

まもなく二十五歳でハリコフ工科大学の教授になったのを初めとして、二十九歳のときはモスクワ大学の理論物理主任《りろんぶつりしゅにん》とモスクワ大学の教授になったランダウの研究は、前に述べた反磁性のほか、物性論《ぶっせいろん》・核物理《かくぶつり》・宇宙線《うちゅうせん》など、近代物理のほとんどすべての分野にわたっていて、ソビエトの物理学の水準《すいじゅん》を第一級の高さにひきあげる功績《こうせき》を示した。特に液体ヘリウムの超《ちょう》流動《りゅうどう》（容器に入れておいても自然に流れ出るふしぎな現象）に関する研究では、世界にならぶものがなかったし、日本をふくむ各国で翻訳出版《ほんやくしゅっぱん》されているランダウの物理学の教科書は、世界的名著《めいちょ》といわれるほど、すぐれて厳《きび》しいものだった。

ランダウとその友人リフシッツとの共著で、日本ではつぎのような本が出されている。

『力学《りきがく》』〔東京図書刊〕（一九四〇年、五八年、六五年に出版）
『場の理論』〔同〕（一九四一年、四八年、六〇年、六二年、六七年）
『量子《りょうし》力学』〔同〕（一九四八年、六三年）
『相対論的《そうたいろんてき》量子力学』〔同〕（一九六八年）

『統計《とうけい》物理学』〔岩波書店刊〕（一九三八年、四〇年、五一年、六四年）
『連続媒質《ばいしつ》の力学』〔東京図書刊〕（一九四四年、五四年）
『弾性《だんせい》理論』〔同〕（一九六五年）
『電磁気学《でんじきがく》・連続媒質の電気力学』〔同〕（一九五九年）

こうした功績《こうせき》によって三度にわたるスターリン賞とレーニン賞をうけ、アメリカ、イギリス、オランダ、デンマークなどの科学アカデミー会員となって、名実ともにソビエトの誇《ほこ》る理論物理学者となったのである。

一九六二年一月、ランダウは自動車でモスクワ郊外《こうがい》を友人のところに急いでいた。とつぜん小さな女の子が飛びだした。前夜の雨がこおってスケート場のようになっていたので、運転手はとっさにハンドルを切ってかわしたが、むこうからきた大型のトラックはさけられなかった。女の子はもちろん、両方の運転手のけがもたいしたことがなかったのに、この衝突《しょうとつ》で後ろの席にいたランダウはひん死の重傷《じゅうしょう》をおった。

ランダウの傷《きず》のおもなものは頭蓋骨折《ずがいこっせつ》、脳《のう》の裂傷《れっしょう》と出血、肺臓《はいぞう》の破裂《はれつ》と内出血《ないしゅっけつ》、腹部内臓《ふくぶないぞう》の裂傷と破裂という、どの一つをとっても生命にかかわるものばかりだった。意識《いしき》を失ったランダウが病院に運ばれたとき、瞳孔《どうこう》は開き心臓《しんぞう》は止まって「到着時死亡《とうちゃくじしぼう》」とカルテに記入された。

だが病院の医師は緊急《きんきゅう》な処置《しょち》をてきぱきととった。この科学者の生命を救うため、ソビエトあげての体制が時を移《うつ》さずつくられた。ランダウの心臓は四度も止まり、崩《くず》れた肺は自分の力では呼吸《こきゅう》しなかった。しかし医師たちの努力はそのつど心臓をよみがえらせ、ランダウが眠《ねむ》ったままの一カ月半、酸素《さんそ》を送りこむ作業が続けられたのである。

こうしてランダウの生命はつなぎとめられたが、頭にうけた傷によって、このすぐれた科学者の瞳《ひとみ》の視力《しりょく》は失われ、耳と言葉と運動の神経はめちゃめちゃになっていた。ソビエト医学会はその治療《ちりょう》に最新の力を集めた。いやソビエトばかりでなくヨーロッパのすぐれた神経医学者や世界中の薬が集められた。たとえば必要な薬を探《さが》すために、イギリスのプラケット、フランスのピカール、デンマークのボーマといった世界一流の学者が、自分で薬局を探しまわり、その薬を間に合わすため定期便の飛行機は一時間も出発をおくらせ、カナダの脳神経外科《のうしんけいげか》の名医は吹雪《ふぶき》のなかを飛んでいった。

こうして九カ月ののち、ランダウはベッドの上におきられるようになったが、後日ランダウを救ったのは、33パーセントが医者のおかげ、33パーセントが物理学者のおかげ、33パーセントはランダウ自身の体力のおかげ（彼《かれ》は酒もタバコもたしなまなかったため）、そして残りの1パーセントが神様のおかげだと周りの人びとの努力をたたえた。そして液体ヘリウムに関する研究によって、その年のノーベル物理学賞受賞が自分に決まったことを知ることができたのである。

やがてランダウは退院し、三年の後には自分で歩けるようになり、四年後にはしだいに視力も回復し、本を読めるようになった。

ランダウの瞳《ひとみ》は再び科学者の目となり、研究所の理論物理学部長として一九六八年、五十九歳でなくなるまで活躍《かつやく》したのである。

以上が自動車事故にあった科学者の目の一部始終《いちぶしじゅう》である。ソビエト医学の力によりランダウの視力《しりょく》は再びとりもどすことができたが、失われた四年の時間はかえってこなかった。働きざかりのランダウのこの四年間が失われなければ、もっと大きな科学的な進歩がもたらされただろうと、多くの科学者たちは、この自動車事故が招いた大きな科学上の損失《そんしつ》を、いまも残念に思い出しているのである。

＊ランダウの著作で二〇一九年現在手に入るものは、『力学』『場の古典論―電気力学、特殊および一般相対性理論』(以上、東京図書)『量子力学』『力学・場の理論』(以上、ちくま学芸文庫)。
＊ソビエト……ソビエト社会主義共和国連邦。一九九一年まで存在した。

33
毒をのんで抗議したはげしいまなざし

蔡《さい》倫《りん》 1世紀中頃-2世紀初

中国の紙の発明者。後漢《ごかん》中期の役人。明帝《みんてい》の末年に役人となり、尚方令《しょうほうれい》、竜亭侯《りゅうていこう》、長楽《ちょうらく》の太僕《たいぼく》となったが、毒《どく》を飲んで自殺した。それまで、文字は木簡《もっかん》か絹、竹簡《ちくかん》などに書かれ不便だったが、樹皮《じゅひ》、麻布《あさぬの》、ぼろきれ、漁網《ぎょもう》などをつかって紙（蔡侯紙《さいこうし》）をつくり、一〇五年に和帝《わてい》に献上《けんじょう》した。

田子《たご》の浦《うら》ゆうち出《い》でて見れば真白《ましろ》にぞ富士《ふじ》の高嶺《たかね》に雪はふりける（山部赤人《やまべのあかひと》）

田子の浦といえば、富士を背《せ》に、日本で一番美しい海であった。ところが、その海は昭和四十年ごろから急に赤茶色ににごり、ヘドロのにおいにつつまれはじめた。その原因は、富士のふもとにある多くの製紙《せいし》工場の廃水《はいすい》である。そのもととなった紙は、私たちの日常生活にはかかせないものだが、いったいどのようにしてつくられたのだろうか？

いまから五千年以上も昔、古代エジプトではパピルスが紙の代わりとして使われていた。パピルスというのはナイル川の岸にはえるアシに似た植物である。このパピルスの茎《くき》をたたいて平らにしたものが紙の代わりであった。ヨーロッパでは、パピルスがなかったから羊の皮をうすくしたものや布が使われた。古代の中国では木や竹の細長い板に筆で字を書いていた。それらは牘《とく》とか簡《かん》とよばれた。また絹《きぬ》の織物《おりもの》も使われていた。

こうした「紙の代わり」のものから現在のような紙をつくる方法を考えたのは、中国の人蔡《さい》倫《りん》といわれている。生まれた年は不明であるが、いまからざっと二千年前の後漢《ごかん》のころの人である。日本では弥生《やよい》文化とよばれる時代であった。蔡倫は、あざ名を敬仲《けいちゅう》といい、学問も才能もすぐれていた。そして尚方令《しょうほうれい》という役人をしていた。尚方令というのは宮中《きゅうちゅう》の器物をつくる役所の所長のことである。

蔡倫の紙の発明には非常《ひじょう》に大事な点が三つある。その第一は、それまで使っていた牘や簡の不便なこと、重いこと、わずらわしいことをのぞきたいと思ったことである。またお金の代わりに使われるくらい高価な絹ではなく、もっとだれでも使える安くてよいものを目ざしたことである。便利で安くてよいもの――これが蔡倫の紙をつくるときの目標だったのである。

第二の大事なことは、竹や木など天然物をそのまま使うのではなく大きな工夫とちがったやり方をとり入れたことである。木の皮、麻《あさ》、ぼろ、網《あみ》などいろいろまざったものを原料とした。そしてそれらの原料をつきほごし、たたいてやわらかにしてからニカワをくわえ、目の細かなすのこですくいあげ、水気をとりうすい膜《まく》のようにしてかわかす――という方法を考えたのである。これは二千年後のいまも使われている紙の製造技術の原理である。蔡倫はこの新技術でつくった紙を一〇五年（元興元年《げんこうがんねん》）和帝《わてい》に献上《けんじょう》している。

いま一つ重要なことがある。それは考古学《こうこがく》上の調査によると、蔡倫よりもっと古く、紙らしいものがあるのに、紙の発明者として蔡倫の名が伝えられているということである。これはつぎのような二つの点を物語るものであろう。（1）紙をつくる方法は当時の多くの人びとの知恵《ちえ》によって改良を重ね、しだいによいものとなっていったということと、（2）その技術をなしとげるのに大きな功績《こうせき》があった人として蔡倫はみんなに尊敬《そんけい》され、したわれていたということである。たとえ技術や勉強がすぐれていてもみなにきらわれるような人格や行動をする人は、いつしか人びとに忘《わす》れさられてしまうからである。大勢の人に敬愛されるなかで、みなの先に立って努力し便利でよいものをつくりだした――蔡倫は、そうした真の科学者としての立場、態度《たいど》、方法で紙をつくったのであった。

このようにすぐれた科学者であった蔡倫は、つぎの安帝《あんてい》のとき、宮中におこった事件にまきこまれ、無実をはらすために自ら毒《どく》を飲んで死んでしまった。その年は一二一年と伝えられるが、肖像《しょうぞう》は残っていない。図は一九六二年、中国で発行された切手の絵から模写《もしゃ》したものである。もし、この「紙」をつくり出した科学者のするどいまなざしが、いまの田子《たご》の浦《うら》のヘドロの海を見たなら、真の科学者の態度《たいど》はどうすべきかを、きっと毒を飲む激《はげ》しさで語ることであろう。

＊田子の浦港へドロ公害……静岡県富士市田子の浦港で一九六〇年代から一九七〇年代前半におこった公害。

34
台風の目の法則を見つけた目

ボイス・バロット 1817-1890

オランダの気象学者。クロイチンゲンに牧師の子として生まれた。一八三五年ユトレヒト大学入学。卒業後ユトレヒト大学の教授となり、幾何《きか》学、物理学を教えた。一八五四年オランダ気象台長、一八七三年国際気象学委員会の委員長をつとめた。

日本列島の季節をいろどるものとして、秋の初めの台風はかかすことができないものであろう。国民の生活飲料や工業用や農業用水の源《みなもと》として台風は大事であることはわかっていても、やはり一般《いっぱん》の人にとっては「地震《じしん》・雷《かみなり》・火事・台風」とイヤなものの一つである。しかし歓《かん》迎《げい》できないにしても、もし台風が近づいてきたとき、かんたんに試してみることができるおもしろい一つの法則がある。「吹《ふ》いてくる風を背《せ》にうけ立つとき、左足のつま先のさす方向に、台風の中心がある」という法則である。

このごろは女の人だってパンタロンなんかはいて、外また歩きで勇《いさ》ましい。だから、ここで立ったときのつま先のさす方向ということは内またの形でなく、外またの、つまり正面から四十五度ばかり左によった方向ということである。この法則をあらわしたのがオランダの気象学者ボイス・バロットである。

ボイス・バロットは一八一七年、オランダ、クロイチンゲンの牧師《ぼくし》の子として生まれた。ユトレヒト大学で物理学を勉強し、やがて、そこの先生となって幾何学《きかがく》と物理を教えた。そのころヨーロッパの各国は気象に関する研究に熱心であり、各国の間でいろいろ連絡《れんらく》をとっていた。気象に興味《きょうみ》をもっていたボイス・バロットは三十五歳《さい》のとき、ヨーロッパの二十四カ所の観測にもとづいて天気図をつくった。その図のなかの各地のばらばらな風向きを見ながら、なにか心にひっかかるものがあった。なにかこうばらばらな風向きを、なにか一つに——。

やがてボイス・バロットらの熱心な働きによって、オランダに気象台がつくられ、ボイス・バロットはその台長に命ぜられることになった。

気象台長となったボイス・バロットは、前にもまして各国と共同して天候の観測や資料の整理を熱心におこない、その結果を人びとの役に立つよう心をくだいた。特に当時のオランダは貿易《ぼうえき》や海運がさかんだったから、航海《こうかい》のための天候の予測について苦心をはらい大きな功績《こうせき》を残した。

この間ボイス・バロットは、あの天気図のなかのばらばらな風向きのことを忘《わす》れなかった。風向きに関する観測の資料を一つ一つ積み重ね、それらに共通するものはないか、規則らしいところはないかを調べていった。そしていつでも、それが規則的にあてはまるかどうか、もしちがっていたのなら、もっとほかのよい法則がないだろうかを考えた。そのうえ、その法則を船乗りでも農夫でも、だれでも使えるかんたんでわかりやすいものに仕上げるよう工夫を重ねた。

このことは科学の研究のうえで非常《ひじょう》に大切なことである。たんにふしぎな異《こと》なった現象をするどく見つけ出すのも科学者の目であるが、ごくごくふつうの、ありふれた日常のことがらのなかから、底を流れる法則をみんなにわかるようにするのもまた科学者の目なのである。

ボイス・バロットはこうして、それまでの資料や経験を一つの法則にまとめ、一八五七年、アムステルダムで発表し、またフランスの学術雑誌《がくじゅつざっし》にのせたのが、最初に述べたような「ボイス・バロットの法則」とよばれるものである。ところで日本やオランダのような北半球では、高気圧のところから低気圧のところに吹く風は、地球の自転のため、時計のまわり方と逆に流れてゆく。南半球では、その逆になる。したがって南半球では、この法則は右足の前方ということになるのである。

このようなボイス・バロットの法則は一度おぼえたら忘《わす》れないかんたんな法則である。しかも山地や陸上では、あたりの風向きがかわることもあるが、さえぎるもののない海上では、この法則にぴったりとよくあてはまる。船乗りたちは、いままでおそれていた台風の中心——台風の目のあるところを、距離《きょり》はわからないにしても、時々刻々《じじこくこく》ただちに知ることができるこの法則を大事にし、いまでは船員の常識《じょうしき》となっているという。

こうして「ボイス・バロットの法則」は有名となったが、その風向きと気圧の関係は、アメリカのフェレルやコッフィンが理論的に二年前発表していたことがあとでわかった。しかしボイス・バロットはまったくそれを知らずに、しかも、使う人びとにただちにわかる形にまとめたということで、いまなお世界中の人びとから、台風のたびに思い出されているのである。もし台風の目が近づくことがあったならば、君もこの法則があてはまるかどうかを試《ため》し、そして科学者の目とその目ざした点を想起《そうき》してくれたまえ。

35
千里眼のいつわりを見ぬいた目

山川《やまかわ》健次郎《けんじろう》 1854-1931

物理学者。福島県に生まれた。ドイツ、アメリカへ留学し、帰国後、開《かい》成《せい》学校で物理学を教えた。東京帝国《ていこく》大学総長、九州帝国大学総長、京都帝国大学総長などをつとめ、日本の大学教育につくした。

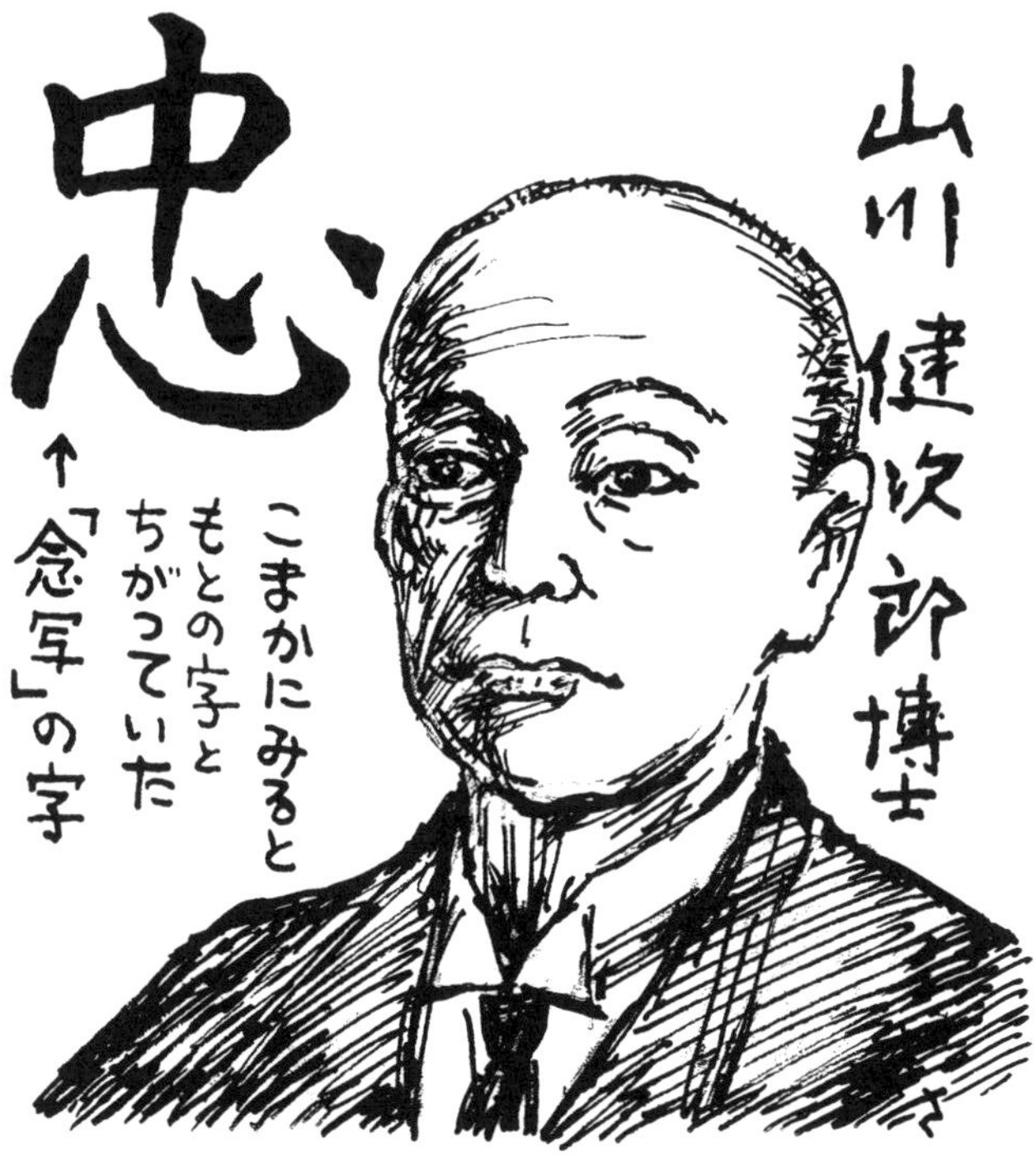

一八九五年（明治二十八年）レントゲンがX線を発見したことは20章でお知らせした。診療《しんりょうよう》用のX線装置《そうち》が、日本各地の病院におかれるようになった一九〇七年（明治四十年）ごろ、ふしぎなことに千里眼《せんりがん》の能力ある者がつぎつぎ各地にあらわれてきた。千里眼とはふつうの人が見えないものも見える力のことである。

うわさをきいた東京と京都の帝大《ていだい》教授が、九州の御船千鶴子《みふねちづこ》、四国の長尾郁子《ながおいくこ》という二人の千里眼能力を試験しておどろいてしまった。布や茶筒《ちゃづつ》のなかの字を読む「透視《とうし》」では百例中八十三まで正しくあたった。さらに千里眼をもった者の脳《のう》から、ふしぎな光線が出ていて、包んだままの写真の乾板《かんぱん》（いまの写真フィルムと同じもの）を感光《かんこう》させる「念写《ねんしゃ》」の力があることもわかり、このことが新聞に大きく報道された。

金属も、厚い布も通すことができ、写真の乾板を感光させるというのはX線か一種の放射線《ほうしゃせん》でなければならない。そんなものが人体から出ていたり、それが感知できるというのは、いかにもおかしいと物理学者はこの千里眼に疑《うたが》いをもった。千里眼の試験に立ちあった教授や新聞記者は、決してまぐれやいつわりでなく、またほかの者が助けたようすがないことを述べた。二人ともふつうの家庭の婦人《ふじん》で、特に裁判官夫人《さいばんかんふじん》の長尾郁子は人さわがせをする必要のまったくない人であることも人びとをふしぎがらせた。インチキだという声に対し、千里眼の能力を支持する人びとは「透視」や「念写」には心の統一《とういつ》がいるから、見世物《みせもの》のようにどこへでも出かけていってやるわけにいかないのだ、あやしいと思うなら直接、実験してみればわかるだろうと反論《はんろん》した。

こうして物理学者山川健次郎《やまかわけんじろう》、藤原咲平《ふじわらさくへい》らがその実験を確かめることとなった。いわば千里眼と科学者の目の決戦となったのである。

実験は四国丸亀《まるがめ》（香川県丸亀市）の長尾夫人の家で新聞記者の立ち会いでおこなわれた。山川博士らはまず、いろいろ「透視」の実験をした。少しちがったものもあったが、だいたいあたっていた。つぎに「念写」の実験にとりかかると、長尾夫人はおこった。調べると、確かに包みのなかに入れておいたはずの乾板がなくなっており、結局入れ忘《わす》れたのだろうということになった。山川博士はあやまり、翌日、再び実験をしようとすると、博士のカバンが見つからなくなった。こまったあげく、その行方《ゆくえ》を「透視」してもらうと、川の辺りだという。探《さが》すとなるほど橋の下のみぞに転がっていた。こんないざこざがくり返されて日がたち、正確な実験ができないうちに長尾夫人は病気で死亡《しぼう》し、御船千鶴子も自殺《じさつ》してしまった。

さすがの科学者も、千里眼が本当かどうか判断がつかないまま、霧《きり》のなかに消えてしまったのだろうか？　事実は決してそうではなかった。山川博士らは、それまでの注意深い実験によって、明らかな結論《けつろん》をとっくに得ていたのである。たとえば紙に字を書くとき、そででかくして書いた場合と、天井《てんじょう》などからのぞかれてもいいよう、広げて書いた場合の差とか、文字を入れた包みの封《ふう》に、一度開ければわかる種々の方法を組み合わせていた。

警官《けいかん》のように家中探しまわったり、各人を監視《かんし》したりできない状況《じょうきょう》の下で山川博士らの実験は一つひとつ意味をもっていた。「透視」があたるあたらぬということより、あたったときはどういう場合で、あたらぬときはどういう条件《じょうけん》だったかわかるように計画を立てていたのである。こうして「透視《とうし》」があたったのは、すべてそでかくさずに書いたときか、封《ふう》を開けたあとが見られたときであった。最後の「念写《ねんしゃ》」のときも乾板《かんぱん》は偶然《ぐうぜん》入れ忘《わす》れたのだが、それを入れたカバンの合わせ目のいぶしはとれ、だれかが開けてなかをのぞいたことを示していた。

アメリカのイエール大学に学んだ物理学者の山川《やまかわ》博士は、物理の実験と同じように、結果の事実を公正に一九一一年（明治四十四年）多くの写真をそえて発表した。中村清二《なかむらせいじ》、田丸卓郎《たまるたくろう》らは、その結果から千里眼《せんりがん》はふしぎでもなんでもなく、たんに一つの手品でしかないことを一般《いっぱん》の人びとにわかりやすく説明した。その手品を使ったのはだれであったかは決められなかったけれども、当時長尾家《ながおけ》に出入りしていたアメリカ帰りの催眠術師《さいみんじゅつし》のしわざとか、裏《うら》で金もうけをたくらむ祈祷師《きとうし》たちであったろうといわれている。ともかくもこうして千里眼事件は科学者の目によって始末《しまつ》がつけられた。日本の科学技術がまだ一般にゆきわたっていないときの事件であった。

36
考え、働き続けた魔法使いの目

トーマス・エジソン 1847-1931

アメリカの世界的発明家。工場主の子としてオハイオ州ミランで生まれ、八歳《さい》で小学校に入学したが、成績が悪くひどいあつかいをうけ退学した。以後は母親の教育と独学で勉強した。十二歳のとき電信術を習い、一八六九年まで電信手として働きながら、自動中継機、投票《とうひょう》記録機、万能《ばんのう》通報印刷機を発明した。そのほか、炭素送話機、蓄音機《ちくおんき》、白熱電燈《はくねつでんとう》、活動写真など、一生をつうじて千件以上の発明工夫をなしとげ、また電燈事業を確立した。彼の発見した熱電子《ねつでんし》放出現象は、のちの真空管《しんくうかん》の基礎《きそ》となった。

発明王エジソンの名は君たちもよく知っている。しかし君たちとよく似ていたということはあまり知られていない。

トーマス・アルバ・エジソンは一八四七年、アメリカ、オハイオ州のミランの町に生まれた。小さいころ「アル」とよばれたエジソンが君たちと似ていた第一の点は、ものすごいいたずらで、わんぱくだったことだ。また君たちもふしぎなことやわからないことをなぜ、どうしてと周りの人にたずねてこまらせたことだろう。

いたずらでわんぱくで、探究心《たんきゅうしん》が強い子ならきっと何でも自分でやってみたくなる。実験だ。アルはこうして四歳《さい》ごろから、周りの大人が悪い「イタズラ」と思える実験をつぎつぎおこなった。

小学校に入ってもそうだった。先生が教えることより、走る汽車の動く仕組みや、割れたお皿はどうしたら元通りになるかということを考えることにアルは夢中なのだ。おこった先生はバカとよびバツを与える。アルは学校がきらいになる。こうしてアルはたった三カ月で小学校をやめてしまった。発明王といわれるエジソンが、正式に学校にいったのは一生でこれだけだったのである。

学校をやめたアルはお母さんに家で勉強を教えてもらった。元学校の先生をしていた母ナンシーはアルのかくれた才能を見ぬき、それを引き出したすばらしい教育者だった。このやさし

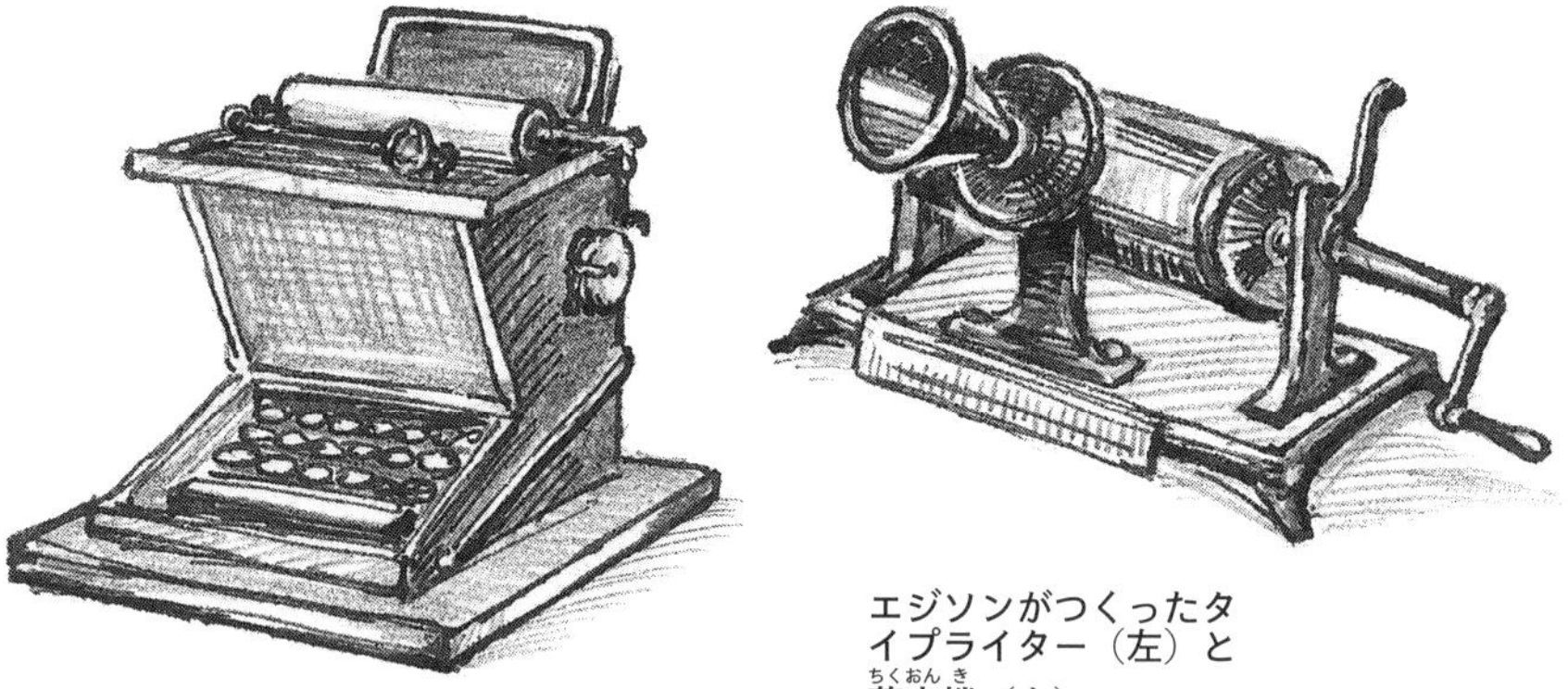

エジソンがつくったタイプライター（左）と蓄音機《ちくおんき》（右）

いすぐれた母がいたうえに、父は働くことの尊《とうと》さと厳《きび》しさを通じて、独立《どくりつ》の心をアルにうえつけた。

こうして、すでに十二歳のときから、好きな化学の実験薬品を買うため、鉄道の新聞売りになって働く生活が始まった。それ以来エジソンの生涯《しょうがい》は働き、考え、実験する連続だった。そのたゆまぬ努力の結果、タイプライター、電信、発電機、電燈《でんとう》、映画《えいが》、レコードといった千二百もの大発明が、世界中の人びとにおくられることになったのである。この記録はいまだに破られていない。

ところでエジソンは、どんな目をもっていたのだろうか？　エジソンは十三歳のころから片方の耳がきこえなくなっていた。一説には列車のなかの実験で火事をおこしたとき、なぐられたためといわれているが、この火事も「伝説《でんせつ》」といわれているのでよくわからない。いずれにしても耳の悪くなったエジソンの目は、かえって音を探《さが》し、電話の改良やレコードの発明をなしとげた。自分の吹《ふ》きこんだ「メリーさんの羊」のレコードをきかせ、おどろく人びとのようすを見ているエジソンのいたずらっぽい目を、君も想像《そうぞう》することができるだろう。

またエジソンは、物理や化学にすぐれた才能をもっていたが、数学だけは苦手だったらしい（ああ、やっぱりそれも私と同じというのはだれでしょう?）。しかし二十六歳のとき、メンロパークに研究所をつくって、科学者や技術者を集め「数学者は私をやとえないが、私は数学者をやとうことができる」といって、目をかがやかしながら、その研究所を発明工場に仕立てていった。はたしてこの研究所からは、つぎつぎと人びとをおどろかすようなすばらしい発明が生み出されていったので、エジソンは「メンロパークの魔術師《まじゅつし》」とよばれるようになった。

確かにエジソンは人びとが望んでいるものを見ぬき、それを工夫してつくりあげるすばらしい魔法《まほう》のような目をもっていた。しかしいま一つ「十日《とおか》ごとに一つの発明を出す」ため、ほとんど研究所のすみでうたた寝《ね》をするだけで、一日二十時間も考え働く異常《いじょう》な努力と、製品を安く大量に製造する事業家《じぎょうか》としての力をそなえていた。こうした才能や力をもっている人の目は、確かに私たちから見れば魔法使いか、魔術師のようにあやしい光をおびていたのかもしれない。

その魔術使いが一八七八年、三十一歳《さい》のとき「つぎは明るい照明の発明にとりかかる」と発表した。それまでの照明はガスを燃やした炎《ほのお》によっていたから、暗く、火事や事故の危険《きけん》があったのだが、それまでもう七十五年以上、何十人の発明家たちがガス燈《とう》以上のものをつくろうとしてみな失敗していた。しかし人びとはエジソンに期待をよせ、たちまちガス燈会社の株《かぶ》は安くなってしまった。だが、さすがのエジソンも十日で発明するわけにはいかなかった。一年

の時間と五万ドルの研究費、六千回の実験、千六百種の試料《しりょう》、記入されたノート二百冊《さつ》という苦心のすえ、ついに白熱《はくねつ》電燈が発明された。

エジソンはこのとき発明王という称賛《しょうさん》とともに、いま一つすばらしい成果を得たのだ。それはその後この炭素《たんそ》の細い線に電流を通じた電球の実験で、エジソンの目は電気が真空《しんくう》のなかを流れることを見出したことである。この重要な科学上の発見がもとになって真空管《しんくうかん》がつくられ、今日のラジオやテレビなど電子機械の発展《はってん》がもたらされた。「エジソン効果」とよばれるこの発見により、それまで実用品の研究者、実際的な発明家とだけ考えられていたエジソンは同時にすぐれた科学者の目をもっていたことを科学史上に残したのである。

こうして十二歳のときからたゆみなく働

き続けた発明王の目は、一九三一年八十四歳で閉《と》じられた。その葬儀《そうぎ》の日の午後十時、アメリカの人びとは電燈《でんとう》をひとときき消して、その短い闇《やみ》のなかで「天才とは一パーセントのひらめきと九十九パーセントの汗《あせ》とから生まれる」といったこの人の死をいたみ、努力という人間の目と、発明という魔法使いの目をもったこの恩人《おんじん》に、静かな感謝をささげたということである。

37
ケチでねばり強い色盲の化学者の目

ジョン・ドルトン 1766-1844

イギリスの化学者、物理学者。イングランドのカンバーランド州に生まれた。家が貧《まず》しいため小学校を出ただけで独学《どくがく》をし、十五歳《さい》のころから気象観測を一生つづけた。植物学、昆虫学、数学なども研究し、一七九四年以降マンチェスター・アカデミー教授となり、近代化学の理論的基《き》礎《そ》をひらいた。

交差点の信号がかわる。青緑は「進め」であり、赤は「止まる」。だが、その色をはっきり見分けられない人は色盲《しきもう》（＊色覚異常《しきかくいじょう》）といわれる。

化学や医学では色のちがいが研究の大事な手段《しゅだん》になるときが多い。だから色盲の人は化学などの研究者にむかないとされている。しかし、もし君が色盲だとしても決して悲観《ひかん》することはない。色盲で大化学者になった人がいるのだ。ジョン・ドルトンがその科学者である。

ドルトンはかわった人だった。その第一は、しまり屋であったことである。ドルトンは一七六六年、北イングランドの小さな村に、貧《まず》しい織物工《おりものこう》の子として生まれた。それまで大勢の人手が必要だった織物工場は、どんどん機械におきかえられる時期だった。そういう時代の織物工の子だったドルトンは、十二歳《さい》のときから、もう村の学習塾《じゅく》の先生となって働かなければならなかった。働きながら自分で科学や数学、文法を勉強した。そのうえ嫁《よめ》さんなぞもったいないと一生一人で暮《く》らした。質素《しっそ》な生活をやりくりして、実験の費用をひねり出すのに苦心したのである。だからただのケチでなく、ものすごいしまり屋であった。

ドルトンの性質の第二の特長は、きちょうめんなことだった。たとえば二十一歳のとき、気象の観測に興味《きょうみ》をもってから、じつに五十七年間、二万回にわたって一日も休まず記録を続けたのも一つの例である（ここのところは君の両親に見せない方がいいかもしれない。たった四十日ぐらいの夏休みの天気でさえ、日記に書き忘《わす》れる君たちの、いいお説教《せっきょう》のたねになるかもしれないからだ）。また二十七歳から住んだマンチェスターでの規則正しい生活は、散歩《さんぽ》するドルトンの姿《すがた》を見て町の人びとが時計の針《はり》を合わせたという話が残っているくらいであった。

さて第三の性質は、たぐいのないねばり強さをもっていたことである。初めドルトンは自分を実験台に、色盲の研究にせいを出した。しかし、これは酔《よ》っぱらい自身が酔っぱらいの研究をしているようなもので、ドルトンのねばりでも、いささかちょっとむりだった。

つぎに先に述べた気象の研究から大気の性質を調べだした。重い器具をかついで山に登り、大気の成分がふもとも頂上《ちょうじょう》もかわらぬことをつきとめた。ふしぎだ？　なぜだろう？　三十歳のドルトンは、それから化学を勉強し始めた。粗末《そまつ》な手づくりの実験器具を使って、気体に関する重要な法則を見つけだした。

こうして物質のもっとも小さな単位である原子《げんし》について考えをだんだん深めていった。丸い絵文字のような記号で原子をあらわし、その原子からウニのようなトゲをはやしてみたり、大きさをかえたり工夫を重ねた。ドルトンが書き残した紙の書いたり消したりのようすを見ると、どんなに考えぬき、ねばりにねばったかを読みとることができる。

五年もの間、考えぬいたドルトンは一八〇八年、原子についての考えを『化学哲学《かがくてつがく》の新体系《しんたいけい》』という本にまとめた。そこには、

（1）すべての物質は原子からなりたっている。（2）原子には多くの種類があって質量がちがっている。（3）化合物《かごうぶつ》はちがった種類の原子がかんたんな整数《せいすう》の比で複合《ふくごう》している。

——という項目《こうもく》にまとめられる。そしてこの原子についての考え方にもとづき、二十種ばかり

の原子量を測定していた。

ドルトンの原子《げんし》についての考え方や原子量の値《あたい》は完全ではなかったので、その後いろいろ改正がくわえられた。しかし近代化学の基礎《きそ》が、このドルトンの原子についての考え方によってきりひらかれたことは明らかである。だからドルトンは「近代化学の祖《そ》」とか「原子論の父」とたたえられているのである。

しまり屋で、規則正しくて、ねばり強かったこの色盲《しきもう》（色覚異常《しきかくいじょう》）の化学者は一八四四年、中風《ちゅうふう》の不自由な手で最後の気象観測の記録を書きつけ、翌朝ひとりぼっちで死んだ。ときに七十八歳《さい》。その葬儀《そうぎ》には四万のマンチェスター市民が参列《さんれつ》したとのことである。

＊色覚異常　色覚に関係する視細胞《しさいぼう》がうまく働かず色の区別ができないか困難《こんなん》な状態《じょうたい》をいう。その多くは先天性《せんてんせい》であり、程度《ていど》はさまざまで、日常生活には支障《ししょう》のないことが多い。学校生活で不便を感じることのないよう、色の見え方が他人とちがう子どもへの配慮《はいりょ》が必要である。「色盲」は日本眼科学会、日本医学会ともに現在は使用していない。

38
カツオとイルカとクジラを見分ける目

アリストテレス
384B.C.-322B.C.

古代ギリシャ最大の哲学者《てつがくしゃ》。スタゲイロスにマケドニア王の侍医《じい》の子として生まれ、のち二十年プラトンに学んだ。やがてマケドニア王子アレクサンダーの教育係となった。アレクサンダーが王となるとアテネにもどり、リュケイオンといわれる学園をつくった。後年アテネを追われカルキスにのがれ、そこで没《ぼっ》した。

お父さんかお母さんが退屈《たいくつ》していたら、こんなテストをして答えをきいてくれたまえ。「カツオとペンギンとイルカのうち魚でないものはなーんだ」と。君たちだって、あんがい「ペンギンじゃないか」などと、まちがえるんじゃないかな。

私たちはつい外形やまわりのようすにまどわされてしまう。動物を分類するとき、そのすんでいるところや見かけではなく、動物の身体の成り立ちや大事な特長に差があるかないかを判断しなければならない。着物を着ていたり、日本に住んでいるだけでは、すべて日本人といえないのと同じである。だから前のテストの本当の答えといえば――ペンギンは鳥類、イルカはほ乳類《にゅうるい》、魚類はカツオだけということになるのである。

さてこうした生物の分類の基礎《きそ》をはっきりさせたのは、いまから二千三百年以上も昔、ギリシャの科学者アリストテレスであった。アリストテレスは北ギリシャのスタゲイロスというところで紀元前三八四年に生まれた人だ。そのころのギリシャはヨーロッパで一番文明の進んだ国だった。アリストテレスは十七歳《さい》のとき、アテネの町に出て哲学者《てつがくしゃ》プラトンの弟子《でし》となった。「アカデメイア」とよばれるその学校での勉強ぶりは、プラトンが「ほかの者にはムチがいるが、アリストテレスには、手綱《たづな》がいる」といったほどだった。二十年の勉強ののち、中近東《ちゅうきんとう》地方を旅行し、生物学や自然科学についての考えをまとめ多くの本を著《あらわ》している。

そのころアリストテレスは、動物や植物についてくわしく観察を積み重ねていた。たとえば大昔は世界中のどこにでもクジラがすんでいたから、ギリシャでもクジラを見ることができた。クジラは海にすんでいる。水のなかを泳ぎ、もぐり、大きいとはいえ魚と同じような形をしている。だがアリストテレスはそうしたうわべや外見にはまどわされなかった。何度もよく、たくさんの魚やクジラを観察することから「うろこがあり、エラで呼吸《こきゅう》し、体温がかわり、卵《たまご》を産む」という魚と「うろこがなく、肺《はい》で呼吸し、体温が一定で、卵でなくて子どもを産んで、乳《ちち》で育てる」クジラとでは大きなちがいがあることを見いだした。そのうえ、クジラの性質は、陸にすんでいるけものたちとまったく同じであることを見つけたのである。

アリストテレスはこうして、似通った性質のものを一つの種類にまとめ、一つの種類とほかの種類がなにかのはっきりしたちがいをもっているように区分けをすること――科学の上では「分類」という大事なやり方を動物でおこなった。こうして分類した動物の種類を、身体の構造のかんたんなものから、だんだん複雑《ふくざつ》なものへとならべ、その順序《じゅんじょ》を「自然の階段《かいだん》」とアリストテレスはよんだ。そのなかでクジラは、ちゃんとヒトやヒツジやシカと同じ種類に入れていて、一番高い段階に位置していた。

このことは動物学の分類の上ではたいへんなことであった。なぜかといえば、その後二千年ものちになったヨーロッパ一流の生物学者でさえも、クジラどころかアザラシやカバを魚のなかにいれた本を書いていたからである。君たちだって、イルカをまちがえそうになったように、いかにアリストテレスがすぐれた分類の目をもっていたかがわかるだろう。

このようにアリストテレスは、すぐれた科学者の目を動物の分類で示したが、先生のプラトンの教えをそのまま忠実《ちゅうじつ》にうけついでいたので、物質のもとは火と水と空気と土からできているとか、真空《しんくう》があることを認《みと》めなかっただとか、今日の科学の水準《すいじゅん》からするといろいろまちがった考えももっていた。しかし多くの弟子たちと自由な討議《とうぎ》と研究をおこない、その後の化学のいしずえとなる考え方や原理《げんり》を、人類の歴史の古い時代に、数多く残してくれた科学上の偉人《いじん》の一人であることにはかわりない。

そのアリストテレスも、晩年《ばんねん》は戦乱に追われ、エーゲ海の小島でさびしく六十二歳《さい》でなくなった。

39
数千メートルの海底と一億年前を見ぬいた目

ハリー・ヘス 1906-1969

アメリカの海底地質学者、岩石《がんせき》学者。ニューヨークに生まれた。一九三四年からプリンストン大学で教え、一九四八年教授になった。一九六二年宇《う》宙《ちゅう》科学委員会の議長となった。

夏になると君たちのなかには、海へ泳ぎにいく人が多くいることだろう。きっとそのとき海は青く夏の太陽にかがやいていたことだろう。しかしその海も二百メートルももぐるともう光がとどかない。それ以上は真っ暗な闇《やみ》の世界である。多くの海のなぞがこの暗闇のなかに秘《ひ》められている。この海面下数千メートルの闇のなかのなぞの一つを探《さぐ》り、見ぬいた科学者の目をご紹介《しょうかい》しよう。

その人ハリー・ヘスはアメリカ、プリンストン大学の岩石学《がんせきがく》教室の先生だった。第二次世界大戦の末のころ、中部太平洋を走るアメリカの輸送船《ゆそうせん》ケープ・ジョンソン号に乗りこんでいたヘス教授は、測深器《そくしんき》が描く図を見て頭をかしげた。船の底から音を出すと、それが海底で反射《はんしゃ》してかえってくる。そのかえってきた音を、自動的に記録すると、海底のようすが示される。ヘス教授の見ていた図には数千メートルの海底の山や谷が描かれていた。海のなかにそびえる山はそうめずらしいものではない。ヘス教授がふしぎに思ったのはその形であった。

その妙《みょう》な形の山は、海底から千メートルもそびえ、その頂上《ちょうじょう》がいずれもけずりとられたように平らになっていた。そうした海のなかの山をハワイからマーシャル群島《ぐんとう》にかけて百四十も見つけ出したのである。

ヘス教授はこの頭の平らな妙な形の海の山に、大学の教室をひらいたアーノルド・ギュヨー教授の名をとって「ギュヨー」と名づけた。そして一九四六年、戦争が終わるとすぐに学術《がくじゅつ》雑誌《ざっし》にこのことを報告した。この論文《ろんぶん》でそれまで地上の岩を研究していたヘス教授は、たんにおかしな海の山を見つけたことを述べたのではなかった。なぜ頭が平らな山がこんなにもたくさん海のなかにあるのか、どうして頂上が平らに切ったようになったのか、そのことをヘス教授は考え、だいたんな仮説《かせつ》としてまとめたのである。

ヘス教授はこう考えた。大昔、海中に吹《ふ》き出した火山が島をつくる。しかしやがて波に島の上部がけずりとられ、頂《いただき》が平らになる。そこにサンゴ礁《しょう》ができたりする。ところがこの頭をけずりとられた島が、地殻《ちかく》の動きにつれてしずみ、移動してつぎつぎギュヨーとなったのだと説明したのである。

多くの学者がギュヨーを調査した。平らな頂上からは波に洗《あら》われて丸くなった石が見つかった。サンゴの死がいもあった。その年代からギュヨーは一億年前は海面の上に頭を出していたと考えられた。富士山《ふじさん》のすそ野と同じような傾斜《けいしゃ》は火山でできたことを物語っていた。多くの調査によって太平洋には五百以上のギュヨーが見つかった。少数だが大西洋にもギュヨーがあった。そしてギュヨーをしずめ、つぎつぎ移動させていったのは、どうやら地球内部のマントルとよぶ高温の岩石の流れであることがわかってきたのである。このことは地球や海底の研究上大きな進歩をもたらすこととなった。

こうして地上の岩を見つめていた科学者の目は、真っ暗な深い海底の奇妙《きみょう》な山を見つけたばかりでなく、その形に秘《ひ》めたなぞを見ぬき、そこから地球を解明する手がかりを見つけだしたのだ。また音響《おんきょう》測深器が描いた海底の山の、おぼろな現在の形から、科学者の目はその山をつくった一億年以前からの長い年月の変化を見ぬいたのである。

このすぐれた科学者にとって残念なことが二つあった。その一つは地球内部を探《さぐ》るためモホール計画と名づけた海底の大掘削《だいくっさく》作業が実現しなかったことである。いま一つはアポロ11号が初めてもち帰った月の岩石の研究委員長にヘス教授が予定されていたのだが、その日を待たず一九六九年八月急病のため六十三歳《さい》でなくなられたことである。もしこの二つが実現していたら、この科学者の目はもっと多くのことを見いだしたことではないだろうか。

40

鳥と周りの自然に語りかけたまなざし

ジョン・J・オーデュボン 1785-1851

アメリカの鳥類学者、画家。西インド諸島《しょとう》のハイチでフランス海軍提督《ていとく》の子として生まれた。幼いころ、原住民《げんじゅうみん》の反乱で母を失いフランスへのがれ、一八〇三年にアメリカへわたった。鳥類の写生画家として鳥の研究をおこない、一八二六年『アメリカの鳥類』を出版した。アメリカ鳥《ちょう》獣《じゅう》保護《ほご》協会は彼の名を記念し、オーデュポン協会と呼ばれており、ケンタッキー州には、オーデュポン記念州立公園がある。

君たちが野山で見知らぬ小鳥を見つけたとする。その名前や習性《しゅうせい》を知りたいと思う。そのとき、君は鳥類の図鑑《ずかん》を探すだろう。その鳥類の図鑑のなかで一番すばらしい手本とされているのを描《えが》いた人がアメリカのオーデュボンである。しかし、このジョン・ジェームズ・オーデュボンは、初め鳥類学者でも絵かきでも、そしてまたアメリカ人でもなかったのである。どんなふうにして？　と君は思うにちがいない。

オーデュボンは一七八五年、ハイチ島に生まれたフランス人だった。幼《おさな》いころフランス本土の学校で勉強したが、十八歳《さい》のときアメリカにわたることとなった。船長だったおとうさんが船の生活をやめて新天地で農業をやり始めたからである。

少年オーデュボンはまだ開かれない自然のなかで自由に遊んだ。歩き、走り、よじのぼり、さては馬や小舟に乗って野山や森のなかを冒険《ぼうけん》してまわった。こうして二十三歳のころまで開《かい》拓地《たくち》の商店で雑貨《ざっか》を売りながら自然に親しんだ。気のむくまま猟《りょう》をしたりスケッチをしたりするオーデュボンは、しだいに自然のとりことなっていった。そしてオーデュボンの紙ばさみには二百近い鳥の絵がそのころまでにかきためられ、それに彼《かれ》自身はすこぶる満足していた。

二十五歳のある日、よれよれ服の旅人が店に入ってきた。その人は二冊《さつ》の鳥の本をもっていた。オーデュボンはその本を見てがく然とした。自分の絵はまだだめなところがある！　とさとったのだ。それ以来、激《はげ》しい性格のオーデュボンは、もっと正しく良い鳥の姿《すがた》を描こうと情熱をこめて努力した。鳥のからだや色つやもくわしく調べた。自然の鳥の動きや生活もあまさず観察した。

映画やカラー写真がなかった当時、こうして描いた鳥の図は、たんに色や形が正確でくわしいだけでなく、鳥類学者と同じ目と心で描かれたりっぱな科学的な図鑑となったのである。だが鳥の姿を正確に科学的に追い求めていたその目は、鳥ばかりでなくまわりの自然にもそそがれていった。樹木《じゅもく》や花や木の実、昆虫《こんちゅう》や小動物が鳥とともに描かれるようになった。それは鳥の生活をよりいっそう正しく豊かに示すとともに、鳥のすんでいる自然を見る人に伝えることとなった。静かな森や泉のわき出る音、そして感情さえ描きこまれた美しい鳥の図は、もうりっぱな絵画であり芸術品であった。

オーデュボンは四十一歳のとき、こうして描いた鳥の絵の展覧会《てんらんかい》をイギリスで開いた。大きなおどろきと称賛《しょうさん》のうずが巻きおこった。その後十二年間にわたって『アメリカの鳥類』という題で出版《しゅっぱん》された四三五枚の図は、いまも鳥類の図鑑の最高峰《さいこうほう》とたたえられている。

しかし、このころまでのオーデュボンは鳥の図を描くため、気にとめず鳥をうったり、つかまえたりしていた。しかししだいに開拓《かいたく》されるアメリカの自然を見て、どうするのがよいかを考えるようになった。人間は鳥をどのように守り、保護《ほご》しなければならないかについて、親しみのある、いきいきとした文で人びとに語りかけたのである。

こうしてオーデュボンは初期アメリカの開拓者の一人であっただけでなく、アメリカの鳥類学を開拓した一人となった。その目は科学者と芸術家の光にかがやき、その心は鳥や自然をこの上もなく愛していた。

一八五一年、オーデュボンは六十五歳《さい》でこの世を去った。しかしオーデュボンがきりひらき、築《きず》きあげ、残した精神は今日まで脈々《みゃくみゃく》と生き続けている。

現在アメリカ各地にある鳥類の博物館や公園、遊園地、橋などにはオーデュボンの名がつけられ、その名誉《めいよ》を記念している。またアメリカの鳥類保護協会《ちょうるいほごきょうかい》は世界でもっともすぐれた大きな活動をくり広げているが、その名もやはりオーデュボン協会とよばれ、オーデュボンの目や心をもって鳥類保護の仕事をおし進めているのである。

41
大きくて偉大な目とやさしく勇気ある瞳

アルベルト・アインシュタイン 1879-1955

理論物理学者。南ドイツのウルムにユダヤ人の小工場主の長男として生まれ、十五歳《さい》でスイスに留学、チューリッヒ工科大学に学び、卒業後ベルンの特許局《とっきょきょく》につとめた。一九〇五年特殊相対性理論《とくしゅそうたいせいりろん》などの論文《ろんぶん》を発表。一九〇九年チューリッヒ大学教授、一九一一年プラハ大学教授、一九一二年チューリッヒ工科大学教授、一九一四年ベルリン大学教授となった。一九二一年ノーベル物理学賞受賞。ナチスのユダヤ人弾圧《だんあつ》をのがれて一九三三年アメリカへ亡命《ぼうめい》、帰化《きか》、プリンストン高等学術研究所教授になった。社会的活動家としても有名で、反ファシズム、平和主義の運動につくした。

二十世紀最大の科学者の目をお知らせしよう。その人アルベルト・アインシュタインは、すばらしく大きなやさしい目をしていた。

本当の目も大きかったが、この科学者は宇宙《うちゅう》を支配する大きな原理《げんり》を見ぬく目をもっていた。一八七九年ドイツに生まれたアインシュタインは苦労をしてスイスの大学を卒業し、ようやくスイス特許局《とっきょきょく》につとめた。

つとめのかたわら物理学をこつこつ勉強していたアインシュタインは、二十六歳《さい》のとき五つの論文《ろんぶん》を発表したが、いずれもすばらしいものだった。第一の分子《ぶんし》の大きさの決め方を述べた論文で理学博士の学位を得た。第二の光量子《こうりょうし》の論文はのちにノーベル物理学賞を得ることとなった。第三のブラウン運動の研究によって分子の目方《めかた》を直接測定することができるようになった。だが、それらよりもっとすばらしい論文が残りの二つだった。そこには「相対性理論《そうたいせいりろん》」とよばれる新しい考えがまとめられていた。

光は大きな速度をもって進むが、地球も秒速三十キロメートルで動いている。地球と光の進む方向が同じときとちがうときでは、測定した光の速さに差が出ていいはずなのに、どんなに精密《せいみつ》に観測しても同じ秒速三十キロメートルなのだ。このことは、それまでの物理学では説明がつかぬことだった。アインシュタインは考えた。いままでの物理学で説明できぬなら、光の速度がかわらないことを私たちのこの世界の一つの性質と考えたらどうだろう。それをもとに理論を組み立ててみよう。それはニュートン以来築《きず》かれた物理学とまったく別の学問をつくりあげることだった。
さすがにアインシュタインも考えぬいて論文をまとめたあと、一カ月も寝《ね》こんでしまったという。だが、この「相対性理論」によれば、質量がエネルギーにかわるとき巨大《きょだい》な力を出すという結論《けつろん》が導《みちび》かれていた。それから四十年後、原子爆弾《げんしばくだん》の実験によって、この理論の正しいことが証明されたのである。

やがてチューリッヒ大学の先生になったアインシュタインは、さらにこの理論を一般《いっぱん》に通用するよう一九一一年から十六年にわたって考えをまとめた。したがって前に考えた方を「特殊《とくしゅ》相対性理論」、あとの方を「一般相対性理論」とよんでいる。その後でまとめた「一般相対性理論」の結論のなかで、アインシュタインは重力《じゅうりょく》のあるところを通る光は曲げられることを述べ、太陽の近くに見える星の光を観測すればわかり、その曲がる角度もくわしく計算で示した。

一九一四年、ロシアでの日食にドイツの観測隊が出発したが、戦争が始まり観測されぬままとなってしまった。やがて戦争が終わった一九一九年の三月、西アフリカに派遣《はけん》されたイギリスの観測隊は、日食《にっしょく》で見事に曲がった星の光を写真に写すことに成功した。それはアインシュタインの計算した角度とぴったり一致《いっち》していた。イギリスの科学者たちはこぞって「小さな島ではない。巨大な科学の大陸を発見した人だ」とアインシュタインをほめたたえたのである。まことに二十世紀最大の科学者にふさわしく、巨大な宇宙や星をつらぬく大きな物理学の目をもった人であった。

アインシュタインはまた一方ではやさしい目をもった人だった。ぼうぼうのびた髪《かみ》、礼服《れいふく》ぎらいの、気さくなユーモアにあふれたバイオリンの名手だった。しかしユダヤ人であったため、生涯《しょうがい》さまざまないやがらせや差別《さべつ》とたたかわなければならなかった。相対性理論《そうたいせいりろん》の真意をわからぬ者が、あらぬ批判《ひはん》や悪口をいったとき、おだやかにだがきっぱりと反論《はんろん》をおこなった。平和や学問を乱《みだ》す政治家にも静かにはっきりと反対した。そうした勇気のあるやさしい目をもった人であった。

こうして、新しい物理学という広野をきりひらいたこの偉大《いだい》な科学者の目は、全世界の平和と人類の幸福を死の前日まで考え続け、一九五五年「地上での仕事は終わった」といって静かに閉《と》じられた。二十世紀最大の科学者の、やさしくて勇気のある瞳《ひとみ》が閉じられた日は、四月十八日であった。

あとがき

この『科学者の目』は、一九六九年(昭和四十四年)十一月から約一年間にわたり、朝日新聞日曜版の子ども欄《らん》に同じ題名で連載《れんさい》した、四十一人の科学者の伝記を集めたものです。

私はこの伝記集を書くにあたって、三つの点に特に注意をはらうようにしました。

その第一は、いままでの子ども向けの科学者の伝記というものが、ともすると「偉《えら》かった」「すごい発明をした」「かがやかしい賞をもらった」ことを、述べてはいますが、その業績《ぎょうせき》の内容を、じゅうぶんに読者にわかるように伝えていない点を改めたいと考えたことです。いかに子ども向けであるからとはいえ、科学者の伝記であるからには、ほかのことを述べる以上に、その業績を述べることが必要であると考えたからです。しかし、科学者は世界的な第一級の学問知識をひらかれた方々であるうえ、かぎられた紙面という制約がありましたので、私の願いがじゅうぶん達成《たっせい》されているかどうか、大いに疑問《ぎもん》に思っているのですが、ともかく私なりに、そのだいじな点を読者に伝わるように、もっとも大きな力をそそいできました。

第二の点は、科学者の目がどこにそそがれ、どんなふうに観測し、なにを見ぬいて考えたかを書きたいと思ったことです。すぐれた業績や成果をうみ出すもととなった源《みなもと》やきっかけや心がけなどをできるだけ示して、たんに「偉かった人」を称賛《しょうさん》するのではなく「先人が求めたところ」のものを、若い読者が知り、さらに発展させて追求してほしいと願ったことです。

第三の私が注意した点は、登場してくる科学者を、たんに近よりがたい偉人《いじん》としてまつりあげるのではなく、人間として描《えが》きたいと考えたことです。その秀《ひい》でたすばらしい点ははっきりとさせながらも、私たちと同じような悩《なや》みや弱みをもっていたことも知ってもらおうとしました。そのためふつうの伝記ではほとんどとりあげることのないいやな悪い一面や、あやまりをおかしたことも紹介《しょうかい》しました。読者がそれによって身近な親しみを感じ、なあんだ私と同じかと安心もし、そして真の理解と尊敬《そんけい》の念《ねん》をもってほしいとの願いにほかなりません。

以上のような三つのねらいを秘《ひ》めながら、それらを「科学者の目」という一つの流れにまとめるようにしたのが、この伝記集のほかの伝記の本とちがうところかもしれません。「科学者の目」の意味するものは、本物の眼球や目玉のことも、科学者の観察態度《たいど》や視点《してん》、視線、さらに洞察力《どうさつりょく》や推理力《すいりりょく》、それに語呂合《ごろあ》わせのように芽生《めば》えや萌芽《ほうが》、将来《しょうらい》や未来への計画や構想《こうそう》といったものまでもふくむ、たいへん大きな意味を「目」に託《たく》しました。

新聞連載中から多くの読者の方からはげましを受けた、このちいさな伝記の本が、少しでも日本の子どもたちの伸《の》びてゆくことに、その真の科学への関心につながるなら、私のもっとも喜びとするところです。

一九七四年　　かこ　さとし

科学者・かこさとしの〈目〉

鈴木万里（加古総合研究所）

福井県武生《たけふ》（現在の越前市《えちぜんし》）出身の加古里子《かこさとし》は、幼《おさな》いころは生まれ故郷《こきょう》の小川で小魚を追い、虫捕《と》りに夢中であったという。とりわけ好きだったのは、トンボ採《と》りで、一匹捕《ぴきつか》まえては放す、のくり返しをしていた。じつはこの時、加古少年はトンボの翅脈《しみゃく》を観察して、一筆描《ひとふでが》きできるかどうかを見ていたのだ。やがて翅脈の途中《とちゅう》に三角や長四角の部分があり、その形はトンボの種類によって異《こと》なることに気づいたという。そうやって自然の中で遊びながら、自然を観察する目をも養う日々だった。

空飛ぶトンボへの憧《あこが》れから、凧揚《たこあ》げに、小学校に入ると紙飛行機作りに夢中になり、折り方を工夫しつつ、どうしたら遠くに飛ばせるか、校舎の二階の窓《まど》からくり返し飛行機を飛ばし、その距離《きょり》を測る毎日だったそうだ。そんな少年時代を過ごした加古もやがて自分の進む方向を決める時がやってきた。戦争一色の時代、加古は航空士官《こうくうしかん》になることを自ら決意する。ひょっとしたら、少年時代に遊んだトンボや紙飛行機の体験が影響《えいきょう》したのかもしれない。そう決めた加古は、好きだった文学書を読むことを自分に禁じ、理科や数学の勉強を熱心に取り組んだ。ところが、近視《きんし》が進み、航空士官になるための身体検査すらも受けさせてもらえず、学校に配属《はいぞく》されていた将校からこう言われた。

「なんだ、お前は軍人《ぐんじん》にもなれんやつなのか」

航空士官になれなくても何かの役に立てるはずだと考え、東京帝国大学工学部に進むが、大学に入ると間もなく空襲《くうしゅう》で家は消失し、友人の多くは特攻《とっこう》で帰らぬ人となる中、終戦を迎《むか》えた。かつて戦争に積極的に参加しようとしていた自分。それなのに死ぬこともできずおめおめと生き残った自分。これから何を信じ、何を目標に生きれば良いのか。深い自責《じせき》の念《ねん》と絶望《ぜつぼう》の淵《ふち》に沈《しず》んでいた時だった。加古は大学の長い休みに両親が住む京都府宇治《うじ》にもどり、黄檗山萬福寺《おうばくざんまんぷくじ》の境内《けいだい》で無心に遊ぶ子どもたちの姿《すがた》をぼんやり眺《なが》めていた。この子らには自分のような誤《あやま》った判断をして苦しむようなことだけはして欲しくない。子どものために残りの人生を使えば自分の誤った判断をしたことの償《つぐな》いもできるのではないか。二十歳の加古はそう考えたのだった。

大学にもどり、ふと目にした一枚のポスターに誘《さそ》われるように入った演劇《えんげき》研究会では、食料調達も兼《か》ねて農村での公演もおこなった。そんな時、最初に会場にやってくるのはいつも子どもたちだった。子どもたちに演劇に使う舞台装置《ぶたいそうち》を壊《こわ》されては困《こま》るので、注意をそらすつもりで子どもたちに声をかけていたのだが、加古はやがてその子どもたちの反応に興味《きょうみ》を持つようになった。大学卒業直前には、近隣《きんりん》の小学生を招待《しょうたい》し、大学の大教室で子どものために加古が書いた脚本《きゃくほん》、演出の童話劇も上演した。

大学卒業後は人形劇《にんぎょうげき》にも興味《きょうみ》を持ち、出入りする劇団でセツルメント活動に誘《さそ》われる。そこで出会った子どもたちが、歌いながら地面に石や小枝で絵を描《えが》くのをじっと見ているうちに加古《かこ》もそれを覚えてしまった。しかし、あるとき「節《ふし》が昨日《きのう》と今日ではちがうね」とたずねると「そんなの、どうでもいいんだよ」と子どもたちにいわれた。絵描き遊びによって描かれ、歌われる図形や言葉は、子どもたちが即興《そっきょう》で作っていることを驚《おどろ》きをもって知ると、加古の目はかがやいた。子どもたちの持つ創造性《そうぞうせい》は大人の想像をはるかに超《こ》えるものがある。加古がそう確信した瞬間《しゅんかん》だった。

加古はサラリーマンとして川崎に住んでいた二十年間、家族に承諾《しょうだく》を得た上で、ボランティアとして毎日曜日には子ども会の指導《しどう》を続けた。

『科学者の目』は加古が、化学会社の研究所に勤務《きんむ》しつつ、子どもたちと日曜日に接していた四十代半ばに執筆《しっぴつ》したものである。古今東西《ここんとうざい》の科学者のどういった部分が優《すぐ》れているのか、功績《こうせき》というよりはその発想や視点《してん》、研究に向かう姿勢《しせい》や態度《たいど》などの見習うべきところ、尊敬《そんけい》に値《あたい》する行動に焦点《しょうてん》をあて紹介《しょうかい》する内容となっている。そういった人びとを紹介する加古の眼力も注目に値する作品である。

サラリーマンと絵本を描くことの二足のわらじをはいていた加古は、描きたい絵本を完成させるには何時間、何年が必要かを計算し、ついに会社を退職《たいしょく》した。ところが執筆中心の生活が始まった矢先、緑内障《りょくないしょう》を両目に発症《はっしょう》していることが判明した。最悪の場合、失明《しつめい》する病である。一度ならず二度までも目によって人生が変わるのか。敗戦の時の決意を全《まっと》うできないのではないか。そんな心配を振《ふ》りはらうかのように、治療《ちりょう》を続けながらも執筆を続け、全国を講演《こうえん》してまわった。そのとき、全国をめぐって集めた子どもたちの遊びの資料約二十九万点を、分析《ぶんせき》・考察した結果が、五十年の時を経て『伝承遊び考』（二〇〇八年、小峰書店）として上梓《じょうし》された。その功績で同年、菊池寛《きくちかん》賞を受けることとなった。

緑内障はその後も進行し、加古は手術を左右共に受けた。これ以上はもうできない、と医者に宣言《せんげん》されるまで受けたが、それでも視野《しや》が次第に欠けていく症状《しょうじょう》は進み、晩年《ばんねん》になると左目はほぼ見えず、右目もわずかばかりの範囲《はんい》がかすかに見える程度になっていた。その自分の視野が欠けてゆく様子を自分で毎月のように記録した紙の束《たば》がある。まだまだ研究が進んでいなかった発症当時、資料の一つになれば、と書き残したものだ。自分で鉛筆《えんぴつ》の先を動かし、見える、見えない、を記録する。検査方法の詳細《しょうさい》なマニュアルも作成している。一体どんな心持ちだったのだろう。失明の不安や焦《あせ》りを超え、科学者として自分の目を冷静に観察したこの人こそ、正真正銘《しょうしんしょうめい》「科学者の目」の持ち主であったのではないだろうか。

■科学・技術史略年表■

ア＝アメリカ、イ＝イタリア、オ＝オーストリア、オラ＝オランダ、ギ＝ギリシャ、ス＝スウェーデン、ソ＝ソビエト、デ＝デンマーク、ド＝ドイツ、ノ＝ノルウェー、フ＝フランス、ポー＝ポーランド、ポ＝ポルトガル、ユ＝ユーゴスラビア、ロ＝ロシア、英＝イギリス、韓＝韓国、中＝中国、日＝日本

	科学・技術史
紀元前	
四二四一頃	エジプトで太陽暦が始まる
三五〇〇頃	シュメール人が楔形文字を使用しはじめる エジプト人がパピルスを使用しはじめる
三〇〇〇頃	エジプトやバビロニアで天体観測が行われ、占星術が盛んになる
二六〇〇頃	エジプト王がピラミッドを建てる
二二〇〇頃	バビロニアの数学・天文学が粘土板に記録されはじめる
六四〇頃	ギリシャに自然哲学おこる
四三八	パルテノン神殿完成
三八六頃	プラトン（ギ）〈アカデメイア〉を開く
三三五	アリストテレス（ギ）〈リュケイオン〉を開く
三一二	ローマに高架水道つくられる
二五〇頃	円周率、てこの原理、アルキメデスの原理など発

	社会のできごと
三〇〇〇頃	エーゲ文明はじまる
二〇〇〇頃	エジプトで、なめし革が用いられる
一六〇〇頃	ミケーネ文明はじまる（～一一〇〇頃）
一五〇〇頃	エジプトでガラスが用いられる
八〇〇頃	ギリシャで都市国家栄える
七七〇	中国、春秋時代（～四〇三）
五五〇頃	中国、儒家思想の確立
五〇〇	ペルシア戦争（～四四九）
四〇四	スパルタがギリシャをおさめる
四〇三	中国、戦国時代（～二二一）
三三〇頃	ヘレニズム文化おこる

	見、アルキメデス（ギ）
紀元後 一〇五	蔡侯紙の発明、蔡倫（中）
四七〇頃	円周率、級数など発見、祖沖之（中）
八五〇頃	火薬の発明（中）
一〇〇〇頃	羅針盤の発明（中）
一四四五頃	活字印刷の発明、グーテンベルク（ド）
一四八〇頃	ダ・ビンチ（イ）、科学、技術、彫刻、絵画などの分野で活躍

紀元後 九六	ローマ帝国全盛時代（～一八〇）
五二七	ビザンチン文化開花（～五六五）
六四五	日本、大化の改新
七八六頃	アラビア文字おこる
九六二	神聖ローマ帝国の成立
一〇九六	十字軍遠征はじまる
一二〇〇	イタリアの諸都市栄える
一二七一	マルコポーロ（イ）、アジア探検（～九五）
一三二五	イブン・バットゥータ（アラビア）、東方旅行
一三三三	日本、建武の中興
一三三八	イギリス・フランス百年戦争（～一四五三）
一四六七	日本、応仁・文明の大乱（～七七）戦国時代はじまる
一四八八	ディアス（ポ）、喜望峰発見
一四九二	コロンブス（イ）、新大陸発見
一四九八	バスコ・ダ・ガマ（ポ）、インド航路発見
一五一九	マゼラン（ポ）、世界一周（～二二）

一五四三	地動説、コペルニクス（ポー）
一五八二	太陽暦つくられる、グレゴリウス13世（イ）
一五八三	振り子の等時性の発見、ガリレイ（イ）
一六〇四	落体の運動法則の発見、ガリレイ
一六〇五	『学問の進歩』ベーコン（英）
一六〇九	望遠鏡による天体観測、ガリレイ 惑星の運動法則の発見、ケプラー（ド）
一六二一	光の屈折の法則（スネルの法則）スネル（オラ）
一六二八	血液循環説の発表、ハーベー（英）
一六三七	『方法序説』デカルト（フ）
一六四三	真空と大気圧の実験、トリチェリ（イ）
一六四八	パスカルの原理の発見、パスカル（フ）
一六六〇	ボイルの法則、ボイル（英）
一六六五	万有引力の発見、ニュートン（英）
一六六六	光の分散の研究、ニュートン
一六六九	微積分法の発見（～七一）、ニュートン
一六七八	光の波動説、ホイヘンス（オラ）
一六八二	ハレー彗星の発見、ハレー（英）
一六八七	『自然哲学の数学的諸原理』、ニュートン（英）
一六九七	『新世界周航記』ダンピア（英）
一七〇八	蒸気機関の発明、ニューコメン（英）
一七二四	華氏温度目盛の提唱、ファーレンハイト（ド）
一七三五	動植物の分類法の確立、リンネ（ス）

一五九〇	日本、豊臣秀吉の統一
一六〇〇	イギリス、東インド会社設立
一六〇三	日本、江戸幕府はじまる
一六一八	ドイツ、三十年戦争はじまる
一六三九	日本、鎖国
一六四二	イギリス、ピューリタン革命（～四九）
一六四三	フランス、ルイ14世治下（～一七一五）絶対君主制全盛期へ
一六六〇	イギリス、王政復古
一六八八	イギリス、名誉革命 日本、元禄時代はじまる（～一七〇四）
一七二八	シベリア探検、ベーリング（デ）

一七四二	摂氏温度計の考案、セルシウス（ス）
一七四九	『博物誌』ビュフォン（フ）
一七五二	雷の実験、フランクリン（ア）
一七六三	比熱の定義、ブラック（英）
一七六六	水素の発見、キャベンディッシュ（英）
一七六九	水力紡績機の発明、アークライト（英）
	蒸気機関の改良、ワット（英）
一七七四	質量保存の法則、ラヴォアジエ（フ）
	『解体新書』杉田玄白（日）
一七七六	エレキテルの実験、平賀源内（日）
一七八一	天王星の発見、W・ハーシェル（英）
一七八三	熱気球の発明、モンゴルフィエ兄弟（フ）
一七八六	新彗星の発見、C・ハーシェル（英）
一七八八	新元素観の確立、ラヴォアジエ（フ）
一七九一	動物の筋収縮と電気現象の研究、ガルヴァーニ（イ）
一七九二-九八	地球子午線の長さの測定（フ）
一七九五	最小自乗法、ガウス（ド）
一七九六	牛痘接種法の確立、ジェンナー（英）
一七九九	メートル法の確立（フ）
一八〇〇	電池の発明、ボルタ（イ）
一八〇一	『整数論考究』、ガウス

一七四〇頃	フランスに啓もう思想おこる
一七六三頃	イギリス、産業革命おこる
一七六九	太平洋探検、クック（英）
一七七五	アメリカ、独立戦争（〜八三）
一七七六	アメリカ独立宣言
一七八九	フランス革命おこる
一七九九	フランス、ナポレオンのクーデター

一八〇三	化学的原子説、ドルトン（英）
一八〇七	外輪式蒸気船の実用化、フルトン（ア）
一八一一	アボガドロの法則の発見、アボガドロ（イ）
一八一二	古生物学の創始、キュビエ（フ）
一八一三	化学記号の考案、ベルセーリウス（ス）
一八一四	蒸気機関車の実用化、スチーブンソン（英）
一八二〇	電流の磁気作用の法則、アンペール（フ）
一八二一	『解析学教程』コーシー（フ）
	『大日本沿海輿地全図』伊能忠敬（日）
一八二六	オームの法則の発見、オーム（ド）
一八二七	『アメリカの鳥類』オーデュボン（ア）
一八三〇	ガロア理論、ガロア（フ）
一八三一	グレアムの法則の発見、グレアム（英）
一八三三	ファラデーの法則、ファラデー（英）
一八三七	有線電信機の発明、モールス（ア）
一八四〇	ジュールの法則、ジュール（英）
一八四二	古代生物に「恐竜」と命名、オーウェン（英）
	エネルギー保存の法則、マイヤー（ド）
	ドップラー効果の発見、ドップラー（オ）
一八五四	リーマン幾何学の確立、リーマン（ド）
一八五五	製鋼法の確立、ベッセマー（英）
一八五六	合成染料の発明、パーキン（英）

一八〇四	ナポレオン皇帝に即位
一八一〇	メキシコ独立戦争
一八一四	ウィーン会議（〜一五）
一八三〇	フランス、七月革命
一八三八	イギリス、チャーチスト運動（〜四八）
一八四〇	アヘン戦争
一八四二	南京条約
一八四八	フランス、二月革命
一八五〇	中国、太平天国の乱（〜六四）
一八五三	ペリー、浦賀に来航、開国を要求する
一八五四	クリミア戦争

一八五七	炭素の原子価を四と提唱、ケクレ（ド） 発酵の研究、パスツール（フ） 台風の目の法則の発見、バロット（オラ）
一八五八	アボガドロの法則がカニッツァーロ（イ）により発見される
一八五九	『種の起源』ダーウィン（英） スペクトル分析法の確立、ブンゼン（ド）
一八六一	コロイドの定義の提唱、グレアム（英） 蓄熱式反射炉の発明、ジーメンス（ド）
一八六四	電磁場の方程式発表、マクスウェル（英）
一八六五	ベンゼンの構造式の発見、ケクレ 遺伝の法則の発見、メンデル（オ）
一八六六	ダイナマイトの発明、ノーベル（ス）
一八六九	元素の周期表の作成、メンデレーエフ（ロ）
一八七一	タイプライターの発明、エジソン（ア）
一八七六	電話機の発明、ベル（ア）
一八七九	白熱電灯の実用化、エジソン ナウマン（ド）の提案で、日本に帝国地質調査所つくられる
一八八二	結核菌の発見、コッホ（ド）
一八八三	ガソリン機関の発明、ダイムラー（ド） コレラ菌の発見、コッホ

一八五八	安政の大獄（日）（〜五九）
一八六一	アメリカ南北戦争（〜六五）
一八六三	アメリカ、奴隷解放宣言
一八六七	『資本論』マルクス（ド）
一八六八	明治維新（日）
一八六九	スエズ運河開通
一八七二	日本、新橋・横浜間鉄道開通
一八八四	清仏戦争（〜八五）

一八八七	マイケルソン・モーリーの実験（ア）
一八八八	電磁波の存在の証明、ヘルツ（ド）
一八九三	ディーゼル機関の発明、ディーゼル（ド）
一八九四	ペスト菌の発見、イェルサン（フ）
一八九五	X線の発見、レントゲン（ド）
	無線通信機の発明、マルコーニ（イ）
一八九六	ウラン放射能の発見、ベクレル（フ）
一八九七	赤痢菌の発見、志賀潔（日）
一八九八	ラジウムの発見、キュリー夫妻（ポー）
一九〇〇	量子仮説、プランク（ド）
	硬式飛行船の発明、ツェッペリン（ド）
	血液型の分類法、ラントシュタイナー（オ）
	メンデルの法則再発見される
一九〇二	Z項の発見、木村栄（日）
一九〇三	人類初の動力飛行、ライト兄弟（ア）
	土星型原子模型を提唱、長岡半太郎（日）
一九〇四	アンモニア合成法の発見、ハーバー（ド）
一九〇五	特殊相対性理論、光量子仮説と光電効果、ブラウン運動、アインシュタイン（ド）
一九〇八	自動車の大量生産始める、フォード（ア）
一九〇九	モホ面の発見、モホロビチッチ（ユ）
一九一〇	ラジウムの分離、M・キュリー（フ）

一八八九	大日本帝国憲法発布
一八九四	日清戦争（～九五）
	ドレフュス事件（フ）（～九六）
一八九五	ロシア・ドイツ・フランス、日本に対し三国干渉
一八九六	第一回オリンピック競技大会、アテネで開催
一九〇〇	義和団事件（中）
一九〇一	第一回ノーベル賞授賞式
一九〇二	日英同盟成立
一九〇四	日露戦争（～〇五）
一九〇五	ポーツマス条約
一九〇九	北極点に到達、ピアリー（ア）
一九一〇	日本、韓国併合（～四五）

一九一二	大陸移動説、ウェゲナー（ド）
一九一六	一般相対性理論、アインシュタイン（ド）
一九一九	化学結合論、ラングミュア（ア） 原子核の崩壊に成功、ラザフォード（英）
一九二六	グーテンベルク不連続面、グーテンベルク（ア）
一九二八	ペニシリンの発見、フレミング（英）
一九二九	ハッブルの法則、ハッブル（ア）
一九三〇	反磁性の研究、ランダウ（ソ）
一九三一	合成ゴムの発明、カロザース（ア）
一九三二	中性子の発見、チャドウィック（英） 陽電子の発見、アンダーソン（ア）
一九三四	人工放射能の発見、ジョリオ・キュリー夫妻（フ） 中間子理論、湯川秀樹（日）

一九一一	中国、辛亥革命 南極点に到達、アムンゼン（ノ）
一九一二	中華民国が成立
一九一四	第一次世界大戦（～一八）
一九一七	ロシア革命
一九一九	パリ講和会議・ヴェルサイユ条約調印 五・四運動（中） 三・一独立運動（韓）
一九二〇	国際連盟が発足
一九二一	ワシントン会議（～二二）
一九二二	イタリア、ファシスト党政権成立 ソビエト社会主義共和国連邦成立
一九二三	関東大震災
一九二七	大西洋無着陸横断飛行、リンドバーグ（ド）
一九二八	パリ不戦条約 張作霖爆殺事件（中）
一九二九	世界恐慌
一九三〇	ロンドン海軍軍縮会議
一九三一	満州事変
一九三四	ヒトラー、総統に就任（ド）

一九三五	ナイロンの発明、カローザス（ア）
一九三八	ウランの核分裂の発見、ハーン（ド）シュトラスマン（ド）
一九四〇	ビタミンB_2複合体の研究、丹下ウメ（日）
一九四二	核分裂連鎖反応実験に成功、フェルミ（ア）
一九四五	人類最初の核実験（ア）
一九四六	ビッグバン理論、ガモフ（ア） ギュヨーの発見、ヘス（ア）
一九四七	半導体トランジスターの開発、バーディーン（ア）
一九五三	ＤＮＡ二重らせん構造の発見、ワトソン（ア）クリック（英） ポリオ・ワクチンの開発、ソーク（ア）
一九五七	人類初の人工衛星・スプートニク一号（ソ）

一九三七	日中戦争（～四五）
一九三九	第二次世界大戦（～四五）
一九四〇	日独伊三国同盟
一九四一	日ソ中立条約 太平洋戦争（～四五）
一九四三	イタリア、無条件降伏
一九四五	ドイツ、無条件降伏 広島、長崎へ原子爆弾投下される 日本、無条件降伏、ポツダム宣言受諾 国際連合設立
一九四六	インドシナ戦争（～五四） 第一回国連総会 日本国憲法発布
一九四八	イスラエル建国、第一次中東戦争（～四九）
一九四九	中華人民共和国建国 北大西洋条約機構（ＮＡＴＯ）調印
一九五〇	朝鮮戦争おこる（～五三年休戦協定）
一九五一	サンフランシスコ平和条約、日米安全保障条約
一九五六	日ソ共同宣言 スエズ動乱 ハンガリー動乱

一九五九	月面探査機「ルナ1号」打ち上げ（ソ）
一九六一	人類初の有人宇宙飛行・ボストーク一号（ソ）
一九六四	東海道新幹線開業（日）
	クォーク説、ゲル・マン（ア）ツワイク（ア）
一九六九	人類初の月面着陸・アポロ11号（ア）
一九七三	惑星探査機パイオニア10号、木星に接近（ア）
一九八一	スペースシャトル初飛行（ア）
一九八六	高温超伝導物質の発見、ベドノルツ（ド）ミュラー（スイス）
一九八七	超新星爆発にともなうニュートリノ検出（日）
一九九〇	ハッブル宇宙望遠鏡打ち上げ（ア）
一九九一	World Wide Webをインターネットで公開、バーナーズ=リー（英）

一九六〇	日米安全保障条約改定
一九六二	キューバ危機
一九六五	アメリカ軍の北ベトナム爆撃はじまる
一九六八	チェコスロバキア、民主化運動（プラハの春）
	小笠原諸島の返還
一九七一	沖縄返還協定調印
一九七二	沖縄返還
	日中共同声明、国交正常化
一九七三	ベトナム和平協定調印
一九七五	ベトナム戦争おわる
一九八〇	イラン・イラク戦争（〜八八）
一九八六	チェルノブイリ原発事故（ソ）
一九八九	中国、六四天安門事件
	ドイツ、ベルリンの壁崩壊
	マルタ会談、冷戦終結
一九九〇	東西ドイツ統一
	ルワンダ内戦（〜九四）
一九九一	湾岸戦争
	ソ連崩壊
一九九二	ボスニア・ヘルツェゴビナ紛争（〜九五停戦）
一九九三	欧州連合（EU）創設

一九九六	世界初のクローン羊ドリー誕生、ウィルムット（英）
二〇〇三	ヒトゲノム解読完了
二〇〇六	iPS細胞の作成（日）
二〇一〇	小惑星探査機はやぶさ帰還（日）
二〇一二	NASA無人探査機、火星に着陸（ア）

一九九四	ルワンダ大量虐殺
一九九五	日本、阪神淡路大震災、地下鉄サリン事件
一九九七	香港がイギリスから中国に返還される
一九九九	欧州連合（EU）の単一通貨ユーロ誕生
二〇〇一	アメリカ、同時多発テロ、アフガニスタン戦争
二〇〇三	イラク戦争（〜一一）
二〇〇八	リーマン・ショック、世界金融危機
二〇一〇	ギリシャ財政危機
二〇一一	日本、東日本大震災
	アラブの春、チュニジアのジャスミン革命が各国に伝播
	シリア内戦
二〇一三	富士山、世界文化遺産登録
二〇一四	エボラ出血熱でWHOが緊急事態宣言
二〇一五	アメリカとキューバが国交回復
二〇一七	北朝鮮、6回目の核実験、ミサイル発射実験
二〇一八	米朝首脳会談、南北首脳会談
	イギリス、EU離脱を決定

かこ さとし（加古 里子）

一九二六年福井県に生まれる。東京大学工学部応用化学科卒業。工学博士、技術士（化学）。絵本『だるまちゃんとてんぐちゃん』（一九六七年）から始まる「だるまちゃん」シリーズ、『かわ』『海』（以上、福音館書店）、『どろぼうがっこう』『からすのパンやさん』（一九七三年）を代表とする「かこさとしおはなしの本」シリーズ（偕成社）、『むしばミユータンスのぼうけん』（一九七六年）などの「かこさとしからだの本」シリーズ（童心社）、五十年以上にわたって収集した子どもの伝承遊びを考察した『伝承遊び考』（全四巻・小峰書店）など六百点以上の作品がある。二〇〇八年菊池寛賞、二〇〇九年日本化学会特別功労賞を受賞。二〇一八年没。

底本：『科学者の目』（童心社ノンフィクション・ブックス・一九七四年六月刊）

新版 科学者の目

二〇一九年七月五日　第一刷発行

文／絵　かこ さとし

装　丁　丸尾靖子

発行所　株式会社 童心社

東京都文京区千石四－六－六

電話〇三－五九七六－四一八一（代表）

電話〇三－五九七六－四四〇二（編集）

印　刷　株式会社 光陽メディア

製　本　株式会社 難波製本

Published by DOSHINSHA　Printed in Japan.

ISBN978-4-494-02057-7 NDC402／199P／21.6×15.3cm